行道树与广场绿化技术

Border Trees and Green Squares

严巍　胡永红　著

中国建筑工业出版社

图书在版编目(CIP)数据

行道树与广场绿化技术／严巍，胡永红著．—北京：中国建筑工业出版社，2019.5
（城市生态修复中的园艺技术系列）
ISBN 978-7-112-23217-8

Ⅰ.①行…　Ⅱ.①严…②胡…　Ⅲ.①道路绿化—绿化种植②广场绿化—绿化种植　Ⅳ.①S731.8②TU985.1

中国版本图书馆CIP数据核字（2019）第016711号

本书以城市树木健康为目标，注重树木种植与养护管理在系统性、科学性和生态性上的和谐统一。详细介绍了城市树木的定义、功能、生产需求等基础知识，分析了城市树木应用过程中的场地分析、生境评估、数种筛选、土壤改良、生境重建、栽植、养护以及健康评价和风险管理等实用技术。为城市树木的管理提供最佳方案，供广大从业技术人员和树木爱好者参考。

This book aims at the health of urban trees and pays attention to the harmony and unity of tree planting and conservation management in systematicness, scientificity and ecology. The basic knowledge of definition, function and growth demand was introduced in detail. The practical techniques of site analysis, habitat assessement, tree species selection, soil amendment, habitat reconstruction, planting, maintenance, health assessment and risk management were analyzed. It provided the best solution for the management of urban tree for the reference of technicians and tree enthusiasts.

责任编辑：杜　洁　孙书妍
责任校对：张惠雯

城市生态修复中的园艺技术系列
行道树与广场绿化技术
严巍　胡永红　著
＊
中国建筑工业出版社出版、发行（北京海淀三里河路9号）
各地新华书店、建筑书店经销
北京点击世代文化传媒有限公司制版
天津图文方嘉印刷有限公司印刷
＊
开本：787×1092毫米　1/16　印张：10¼　字数：205千字
2019年10月第一版　2019年10月第一次印刷
定价：139.00元
ISBN 978-7-112-23217-8
（33302）

序

　　我去过国内的多个城市，看过很多种行道树，比如北京的洋白蜡、哈尔滨的榆树、西安的国槐、南京和上海的法桐、福州的小叶榕、广州的木棉树、重庆的黄葛树等，各有特色。可以说，行道树犹如城市的名片，代表着一座城市的地理气候特征、历史文化内涵和精神风格。行道树更是城市的标志和灵魂，是城市记忆的叙事方式，市民对树木的记忆串联起城市的沧桑历史和发展变迁，弥补着世代记忆传承断裂的急迫感。看到一棵树，就想起一座城。法桐引入上海、南京等地，让人联想到一段特殊的历史；木棉树被誉为英雄树，诉说着悲壮而令人崇敬的故事；凤凰木因"叶如飞凰之羽，花若丹凤之冠"而被选为厦门的市树。然而，时常看到行道树、广场绿化树木生长衰弱，甚至早衰而死的问题。由于道路、广场立地生境的低劣，成为很多树种的限制因素。庆幸的是，最近看到严巍高工和胡永红博士合著的《行道树与广场绿化技术》书稿，对长期以来制约城市行道树和广场绿化树木生长的问题开展了系统的研究和论述，很受启发。

　　我已经先行拜读过胡博士领衔主编的"城市生态修复中的园艺技术系列"丛书的前三本，印象深刻，能够针对性地解决城市生态修复问题，从移动式绿化、屋顶绿化、建筑立面绿化等方面系统地阐述了园艺技术。本书是该套丛书的第四本，也是非常重要的一本。说他重要，不仅因为树木在城市中占有的重要位置，更为重要的是，在漫长的城市发展史中，树木所处的环境是最为复杂和恶劣的。既要不占用城市的地下生长空间，又要使树木生长良好，这简直是一个不可能完成的任务。不过从书中可以看出，他们通过努力找到了办法，圆满解决了这个不可能解决的问题。

　　他们做了大量的调查，深入了解城市树木现有的生存条件，找出抑制树木生长的关键因子，并有针对性的解决。在上海，根系缺乏生长空间以及土壤粘重不透气是影响树木生长的关键因素，他们围绕这些环境因素进行系统研发，得到了树种种植的最佳配方，并成功进行了示范性推广，使生境得以重建。根据树木的适应性、观赏性和生态价值等因素，综合筛选了适合城市特殊生长环境条件的树种，丰富了城市树木的多样性。探索了为防止台风影响而进行的树冠和根系平衡修剪技术，确保树木的健康生长。摸索了在人为干预条件下，营养的持续补充及树木的可持续生长。这些研究让我联想起中国传统盆景的制作和维护技术，与在城市有限空间种树是多么相像。

延伸开来，在城市特殊生境条件下，除了最大程度为树木再造适合的生境，利用上述各种工程化手段，解决城市的环境难题，是本书的创新点，应予鼓励。

读该书，让我了解到城市绿化，尤其是行道树和广场绿化的最新技术，更能感受到作者团队对技术的孜孜追求。一方面为他们的成绩感到骄傲，另一方面，希望他们加快节奏，把丛书尽快出齐，让更多的技术人员有机会学习到新技术，更好地服务于城市生态环境改善的重任。

是为序。

2018 年 12 月 20 日

前　言

　　每次路过衡山路，看到街道两旁高大的悬铃木，总是感叹树体的伟岸，不仅赞赏其高大、粗壮和光亮的树干，而且让人联想到百年前的租界历史，旁边的衡山公园（贝当公园）见证着一段特殊的历史。树木不仅是城市一道亮丽的风景线，还给城市带来自然、生命和美，难以想象一座到处都是混凝土建筑和道路，而没有树木的城市是怎样的凄凉？庄子说上古有大椿"以八千岁为春，以八千岁为秋"，虽然世上没有如此古老的树，但银杏、松柏等树木的寿命也极其漫长，它们在这千百年的岁月中以独特的身姿和视角见证着城市的兴衰荣辱。有时候，一种树木也被赋予了一座城市的品格。北京高大古朴的国槐、上海冰清玉洁的白玉兰、重庆坚忍不拔的黄葛树，还有厦门那凤凰花开的路口。树木已成为城市不可或缺的生态要素。

　　我们必须赞叹树木生命的坚强，面对道路、广场等不透水硬质地表的恶劣立地条件，悬铃木、雪松、香樟等多个树种仍能顽强而倔强地生长。构树、桑树、女贞等乡土植物甚至能够从砖缝、石缝、混凝土裂缝中生根发芽，直至长出大树。可以说，每一株大树都是历经沧桑岁月的严酷历练而成。然而，我们总是在城市里随处看到很多生长不良的树木，有的树形不完整，缺枝断头；有的过早萧条，出现干枝干梢；有的树体衰弱，出现严重的病虫害，等等。由于城市里不透水地表遍及各处，树木的立地环境非常差，根系生长空间偏小，使生长受到不同程度的抑制，造成大部分树种生长得并不理想。而且，周围建筑物的光污染、生活垃圾污染、汽车泄露物污染、行人践踏，以及人为的砍截破坏都加剧了对树木生长的干扰，制约树木的健康生长。

　　面对城市特殊生境立地条件，必须思考解决之道，一方面因地选树，筛选抗逆性强的植物种；另一方面因树适地，通过改造生境，为植物营造适生的立地条件。应该紧紧围绕植物与生境二者的匹配关系研究分析与之相关的因素。

　　·相地　是实现适地适树的基础。每一种植物都有其适生范围，必须把生境搞清楚。这就需要了解土壤的理化性质、微生物特征、病虫害情况和污染状况，以及土壤空间大小，还要掌握地下水信息和周围立地环境。对发生的土壤污染、病虫害和酸碱度异常情况，需要在种植前采取一定的治理手段改善生境。总之，通过相地、改地，为植物提供适生条件。

·选树　是绿化的基础和关键。因为立地条件的恶劣，并不是每种植物都适宜的，筛选抗逆性强的植物种成为重要环节，包括抗旱性、耐寒耐热性、抗污染能力等指标，有的还要求耐水湿条件。为了提高植物多样性，要求尽可能筛选更多的适生植物，除了本地植物，也包括外来适生植物。

·种植　是绿化成功的关键环节。由于生境的特殊性，往往不宜直接栽植，需要做好栽前准备，比如运用工程化手段，选配混合介质，改善栽培介质的理化性质，降低地下水位，消除盐碱性物质的危害，做好排水设施等，并与市政设施结合，减少与市政建设的矛盾冲突。

·修剪　是大树移植或树木实现可持续生长的重要手段。包括根系修剪和树冠修剪，以维持根冠平衡。有时为了应对不利的影响，需要实行特定修剪，比如因为道路架空线多、果毛致敏和台风的影响，上海几十年来，因地制宜地探索形成了悬铃木"杯状"（开心型）定型修剪模式和技术体系。

·营养　是植物持续旺盛生长的基础。由于根系生长空间有限，可供营养也有限，为了满足植物的持续生长，需要人为补充营养（施肥）。根据养分归还学说和落叶归根理论，应当以有机肥为主，实时适量有针对性地补充营养。

·病虫害防治　是维持健康生长的必要环节。贯彻预防为主、绿色防控的原则。以人与自然和谐为目标，提倡采取生态调控、生物防治、理化诱控和生物药剂等措施为主，并适度降低一定的防治阈值，将病虫害发生危害控制在一定范围内。应最大限度地减少对生态的副作用，禁用高毒、高残留、异味大的化学农药。

上海市绿化管理指导站几十年来致力于上海行道树养护、古树名木保护、绿地养护、新优植物推广应用、绿化有害生物监测防控，以及绿化新技术、新产品、新材料的应用与推广等方面，特别在行道树养护管理方面开展了大量系统的技术研究，积累了丰富成熟的经验和技术。辰山植物园长期致力于植物的引种、培育、栽培和科研科普，与国内外知名机构开展了卓有成效的合作。在城市树木的多样性、管理栽培方面积累了丰富的经验，起到有效的引领作用。近年来，上海市绿化管理指导站与辰山植物园加强合作，促进工程技术研发与成果转化。2017年成功申报筹建的"城市树木生态应用工程技术研究中心"（编号：17DZ2252000）就是两家单位合作的重大成果之一。坚持以树木健康为核心，开展了城市树木生态学应用关键技术研究、城市树木生态应用成套工程化技术研发以及推广等研究任务，取得多项成果，并利用上海市及长三角区域技术平台，形成中心独特的成果推广机制和成果推广平台。

特别是通过与美国莫顿树木园的合作研究，引进国际最先进的理念，共同研发新技术，结合中国实际，推动行道树在中国的可持续栽培管理。目前已经取得了初步成果。

本书全面系统地总结了国内外，特别是上海在行道树栽培管理方面的理论和技术成果。全书分 7 部分，分别是城市树木的概念和功能；生境分析和场地评估；树种选择；土壤改良和生境重建；树木栽植；树木养护；树木健康评价和风险管理。核心知识体现在：

· 树木栽植与养护　以《行道树栽植技术规程》DG/TJ08-53-2016、《行道树养护技术规程》DG/TJ08-2105-2012 和《林荫道建设技术规程》DG/TJ08-2219-2016 为核心，形成上海行道树栽植与养护关键技术体系和精细化管理模式。

· 介质筛选　针对行道树生境低劣和空间不足的问题，特别是上海特殊的土壤和地下水环境，研发了配方土技术，通过土壤添加石块等成分，形成结构相对稳定的介质，兼具透气透水性和机械支撑性。

· 根系空间设计　在分析城市行道树根系空间局限性的基础上提出了减少人行道与树木冲突、根系空间共享、根际土壤和覆盖物处理等对策。

· 树木健康评价　首次建立多指标评价体系制定了上海行道树直观表象评估法、树干检测评估、根系检测评估等办法，并根据评估结果提出矫正或干预对策。

在成果转化和应用方面，本书围绕主要内容做了案例介绍，比如生境分析、树种筛选、土壤改良和风险管理都有典型案例说明。有助于读者更好地理解相关理论和技术，体现较强的指导作用。比如在上海普陀、杨浦、静安等区利用配方土的示范种植，效果良好；针对上海行道树现状研发一种使用便捷、省力的移动式多功能深根施肥机技术，以及模拟自然界树木"落叶归根"的养分补充方式。此外，还做了林荫道的示范建设和技术成果展示。

希望本书对相关研究人员、政府决策者、同行从业者都有一定的参考价值，对国内城市行道树的管理和维护有所借鉴和帮助，共同促进城市绿化的健康和可持续发展。

当然，这些仅仅是初步的探索，对树木生长的核心原理，尤其是树木根系在城市环境条件下的发育，尚不明晰，需要深入探索；配方土如何与市政结合，更好地为海绵城市服务，也需要实践检验。

致谢：本书是多年行道树养护管理和城市树木研究成果的结晶，得到了上海市科委《应对大客流的大型公共绿地可持续绿化技术研究与示范》（编号：18DZ1204700）、《上海城市树木生态应用工程技术研究中心》（编号：17DZ2252000）和《城市林荫道建设关键技术集成研究与示范》（编号：11231201000）等项目的支持与资助，更是多学科、多团队集体智慧的结晶，感谢上海市绿化管理指导站和上海辰山植物园两家单位同事的支持和参与，特别感谢上海市绿化管理指导站王本耀、杨瑞卿、徐俪贤等工程师收集了大量图文资料并开展分析、绘制与整理；感谢美国莫顿树木园同行对上海行道树管理技术的指导和帮助；感谢上海市普陀区社区绿化所、静安区绿化管理中心等各区绿化管理部门同行的共同研究、实践与支持。感谢中国建筑工业出版社编辑的悉心校稿和提出的宝贵建议。

目　录

01

第1章

绪　论

绿化是城市中唯一有生命的基础设施，树木是城市绿色基础设施的重要组成部分，树木不仅能创造出巨大的生态效益，而且能有效提升城市的景观和内涵，满足人们对健康生态和优美环境的需求。树木是城市生态系统的重要组成部分和城市绿地系统的骨干支撑，具有维持城市生态系统稳定、改善城市环境、调节小气候等功能。树木是城市一道亮丽的风景线，树木的花、果、叶、树干等各个部分具有不同的色彩美、姿态美、风韵美，可软化线条粗硬、生冷灰暗的建筑，为居住的城市营造赏心悦目的景色。树木是城市的标志和灵魂，是城市记忆的叙事方式，市民对树木的记忆串联起城市的沧桑历史和发展变迁，弥补着世代记忆传承断裂的急迫感，看到一种树，就想起一座城。

然而，在快速城市化进程中，随之而来的是自然空间的进一步压缩，城市生态系统变得更加脆弱。与自然环境条件下生长的树木不同，城市树木的生长环境是以人为活动集中的城市地域为主，小气候复杂、污染严重、土壤层破坏等城市特有的环境往往会影响树木的生长和发育。尤其是行道树与广场树木，其生长环境都是城市硬质的下垫面，提供树木生长的空间非常有限，加之其他不利生长的城市环境，导致许多树木生长不良。如何让行道树与广场树木健康生长，发挥其应有的生态效益和景观功能，需要不断探索创新，形成一套行之有效的方法。

1.1　城市树木的定义与特点

1.1.1　行道树

行道树是指为了美化、遮阴、防护和生态等目的，在道路旁排成行栽植的树木，行道树是道路绿化的基本形式，也是街道的有机组成部分。它的产生和发展与道路、城市建设的发展紧密相关（图1-1～图1-3）。

道路景观是城市的"外衣"，对于城市形象具有举足轻重的作用，人们对于一个城市的感性认识往往来自于对该城市道路景观的体验。美国城市规划学者凯文·林奇在《城市意向》中曾写道："虽然道路的重要性会因人们对城市的熟悉程度而变化，但对于大多数的到访者，它仍然是城市中的绝对主导元素"。[1] 由此可见，道路景观对于一个城市风貌和环境品质的重要性。

行道树的生长环境条件，一方面有光、温度、空气、风、土壤和水分等自然条件，另一方面还有城市街道的特殊环境，如建筑物、管线、交通等人为因素，这两方面的每个因素都是互相影响和互相联系的。行道树的种

图1-1 行道树林荫效果

图1-2 行道树樱花特色

植土壤就是自然条件和人为因素综合影响的产物，行道树的绝大多数问题都来自其所种植的土壤。行道树种植土的质地较差，有些土壤层次砾石和石块的含量可高达80%甚至90%以上[2]。同时，城市巨大的人流量和车流量，都对道路下的土壤进行压实。所以行道树的种植土壤一般孔隙度小、通气性差、良好的团粒结构被破坏，土壤、水、肥、气、热状况都不乐观。另外，如果城市沿海，土壤的盐碱程度和地下水位都比较高。这些都对行道树的树种选择和健康生长有所限制。

图1-3 行道树秋色效果（四平路）

1.1.2 广场绿化

城市广场是指以城市历史文化为背景，具有一定绿化规模的城市公共活动空间，多位于城市轴线的景观节点，由植物、建筑、地形等景观元素组成。[3] 城市广场的形式、功能和性质没什么定式，其要素以铺装和绿化两部分为主。[4] 古典广场一般绿化很少，以硬地铺装、建筑和雕塑小品等为主，而现代广场的设计对绿化的要求比较高。

广场绿化的树木与行道树相比，具有相似的生长环境（图1-4）。城市广场的人流量一般比较大，铺装也基本以不透水的硬质铺装为主。广场绿化中的树木与行道树面临土壤紧实度高、透气性差、地下水位高等一系列共性问题。因此，本书的大部分内容会以行道树为主要对象进行阐述。

图1-4 广场树木（上海迪士尼小镇）

1.2 城市树木的功能

1.2.1 调节小气候

树木可以改善小气候环境。所谓小气候是指在具有相同的大气候和局地气候范围内，由于地形、土壤和植被等下垫面构造及特性的差异，引起水热收支的不同，形成近地层特殊气候。对温度和湿度的调节是树木调节小气候的主要表现。

（1）降温增湿

树木降温主要通过遮阴和蒸腾作用来完成。[5] 树木蒸腾过程会消耗很多热量，这部分热量主要来自周围环境，因此会导致气温下降。与周围没有绿化的建筑相比，树木和其他绿化可使周围的建筑物降低3℃左右。[6] 树木还能通过枝叶的蒸腾作用向空气中输送水分，使空气变得湿润。有研究表明，一株中等大小（胸径18～20cm）的香樟（*Cinnamonum camphora*），夏季每小时可由叶片蒸腾25kg水分。[7] 不同的树种有着不同的降温增湿能力，主要取决于树冠的大小、树叶的疏密度和叶片的质地等。张鹏通过比较杭州16个树种之间的降温效果，发现不同树种之间的降温效果差异显著[8]，总体来说，常绿阔叶乔木降温效果最好，其次是大灌木和灌木，比较差的是针叶树种。

（2）调节风速

树木的防风效果主要是通过减弱风速和乱流作用来实现的。有研究表明，树木作为挡风屏障在降低风速方面有显著效果。[9] 树木可以创造出一个很长的无风带，通过减少因风带来的寒冷而提高人类的舒适度。许多城市纷纷营造城市防护林，就是利用树木的防风作用。刘韵琴通过试验发现城市公园和绿地的风速比其他区域风速减少6%～20%[7]，树木具有相当强的防风固沙能力，具体效果取决于树木的林地结构，即在水平位置时，不同结构的林带，树木高度不同，防风效果不一样。比如水平位置时，紧密林带结构地带的树木平均高度为25m时，疏透林带结构地带的树木平均高度为26m时，透风林带结构地带的树木平均高度为49m时，该地的风速就可能比其他区域的风速减少0～5倍（图1-5）。

（3）降低噪声

树木能吸收和阻挡噪声，是天然的消音器。当声波作用于树木时，将通过树木表面散射、反射声能、植物茎导管谐振吸声、叶片细胞间隙的毛细管黏滞性吸声产生的热损耗会衰减声能。[10] 单株或稀疏的植物对声波的反射和吸收很小，当植物形成郁闭的群落时，可有效反射声波。因此，树木要成排种植，种植的树木枝干要高大，树叶要茂密，这样才能起到良好的减弱噪声的作用。据测定，郁闭度大于等于0.6的树林，从路基处至80m处的噪声值可降低31.0～36.4dB。[11]

图1-5　上海环城林带规划

在软质的地面上，30m 宽的林带可以降低 50% 甚至更多的噪声。[12] 较窄的绿化带如果有足够茂密的树枝和树叶，加上合理的配置也非常有效。[13] 不同树木的降噪能力不同。树木的消声效果与树冠厚度及枝叶密度成正比，如雪松（*Cedrus deodara*）枝叶稠密，上下分布均匀，消声效果好。张明丽等研究发现不同类型植物群落的减噪效果有较大差别，针叶林和常绿阔叶林的减噪效果最好。[14]

1.2.2　清新空气

（1）固碳释氧

树木可通过光合作用吸收 CO_2 并释放大量的 O_2，从而降低环境中 CO_2 的浓度。据测定，$1hm^2$ 森林每天可消耗 $1t$ CO_2 和 $730kg$ O_2，$1/15hm^2$ 树林每天释放的 O_2 足够 65 个人呼吸使用。陈少鹏等通过对长春市 30 种园林树木的固碳释氧能力进行测定与计算，发现 30 种园林树木单位叶面积的固碳量在 $12.78 \sim 43.74g/（m^2 \cdot d）$，释氧量在 $9.29 \sim 31.81g/（m^2 \cdot d）$。[15] 汪成忠利用 LI-6400 光合测定系统对上海地区常见的 8 种园林树木固碳释氧进行定量测定，实验结果表明单株树木的固碳释氧能力不仅与单位叶面积有关，还与树木叶片的总面积有关，同一树种在不同的生长季节固碳释氧能力有明显的差异，夏季和秋季固碳释氧量较高。[16]

（2）滞尘

树木具有茂密的枝叶、浓郁的树冠，能阻挡、截留和吸滞空气中的飘尘和粉尘。粗糙的枝叶表面可分泌油脂、粘液或叶浆，能滞留和吸附空气中大量的灰尘。据统计，每亩（1 亩 ≈ 666.7m²）树林有 75 亩面积的过滤叶面，在距离树高 30 倍远的地方，可使飘尘减少 30%。不同树木由于叶表毛被密度、褶皱程度、沟道深浅、面接触角、叶面倾角、软硬程度、叶片面积以及叶片距地面高度等存在一定的差异性，因此滞尘能力不同。张家洋等对南京市 20 种绿化树木的综合滞尘能力进行分析，表明不同类型的树木滞尘能力表现为常绿阔叶乔木 > 落叶阔叶乔木；单个树种之间滞尘能力差异很大，如金叶女贞（Ligustrum vicaryi）单位面积的滞尘能力是鸡爪槭（Acer palmatum）的 67 倍。[17]

（3）增加负氧离子

负氧离子被誉为"空气维生素"，具有降尘、抑菌的功能，在净化空气、调节小气候、卫生保健等方面效果显著。[18] 阳光照射到植物枝叶上会发生光电效应，促使空气电离，产生大量的空气负离子。树木释放出的芳香挥发性物质也能促进空气电离，加上树木有除尘作用，从而增加空气负离子浓度。[19] 树种与空气中负氧离子浓度之间的研究较多，不同的研究得出的结论也不同。有研究表明，针叶林负氧离子浓度高于阔叶林，主要原因是针叶树树叶呈针状，等曲率半径较小，具有尖端放电功能，使空气电离，增加空气中的负氧离子水平。[20] 王洪俊发现，相似层次结构的针叶树人工林和阔叶树人工林的平均空气负氧离子浓度没有显著差异，只是负氧离子浓度高峰的出现时间不同。[21] 刘韵琴观测 8 个树种空气负氧离子数目，发现 8 个树种之间负氧离子数目差异较大，最大与最小相差 400 个 /cm³。[7]

（4）杀菌

树木可通过分泌杀菌素、滞尘、减弱风速等作用直接或间接地净化空气中的细菌，对改善城市生态环境、提高城市绿化具有积极意义。据统计，1hm² 松树林 24h 能分泌 30kg 杀菌素。[22] 这些杀菌素均匀地扩散到树林周围 2km 远的地方，杀灭随着尘埃漂浮在空气中的细菌。树木种类不同，对细菌的作用效果也不同。花晓梅研究了 12 种树木的杀菌作用，发现云杉（Picea asperata）、白皮松（Pinus bungeana）、法国梧桐（Platanus orientalis）对葡萄球菌有抑制作用，云杉对绿脓杆菌的杀菌作用最大。[23] 另外，树木分泌的杀菌素与树种组成、发育时期及树木的生长季节有关。褚泓阳等对 12 个树种杀菌作用进行测试，发现所有树种一天中杀菌作用最强的高峰期在 16：00 前后，且成熟叶的杀菌能力大于幼叶。[24] 6～8 月份，树木叶片展开，新陈代谢旺盛，大量的挥发性杀菌物质扩散并溶解于空气的小液滴中，部分树种的杀菌效果达到最大值。[25]

（5）吸收有害气体、重金属

树木可将有害气体和重金属等吸收解毒或富集于体内，主要通过叶片气孔直接吸收有害气体[26]，也可通过叶面的物理运动间接吸收。Nowak 通过树干沉降来研究芝加哥城市森林对污染物的清除，发现每平方米树木每年可清除 0.34g CO、1.24g NO_2、1.09g SO_2、3.07g O_3 和 2.83g PM10。[27] 有研究表明，落叶树种对大气的净化能力要优于常绿树，落叶树种吸收氟化物、氮化物等有毒有害气体的能力是常绿树种的 2 ~ 3 倍。[28]

1.2.3 遮阴美观

（1）遮阴

炎热的夏季，枝叶茂盛的树木能遮挡大部分的太阳辐射，为人们提供纳凉的场所。由于树冠大小不同，叶片的疏密度、质地等不同，不同树种的遮阴能力也不同。吴翼率先提出树木遮阴的原理，分析了树木形态与阴影的关系，并对合肥市 16 个常用行道树的遮阴效果进行了测定，结果表明银杏（*Ginkgo biloba*）、悬铃木（*Platanus acerifolia*）、刺槐（*Robinia pseudoacacia*）、枫杨（*Pterocarya stenoptera*）的遮阴效果较好，垂柳（*Salix babylonica*）、槐树（*Sophora japonica*）、旱柳（*Salix matsudana*）、梧桐（*Firmiana platanifolia*）的遮阴效果较差。[29]20 世纪 90 年代，陈耀华根据对北京市几种常见行道树遮阴和降温作用的调查研究，提出了遮光率和降温率两个新概念，并据此提出了对荫质和遮阴效果进行定量分析、测定和计算的方法，此法可准确地以数值的方式来表示各园林树种的荫质和遮阴效果。[30] 一般而言，树冠浓密、叶面积大、树冠幅度大的树木遮阴效果好（图 1–6、图 1–7）。

（2）美化城市，提升文化内涵

树木因具有季节、形状、颜色与纹理等方面的变化，可用来美化周围的环境，

图 1-6 行道树悬铃木遮阴效果较好（思南路）

图 1-7 行道树银杏遮阴效果较差（伊宁路）

软化钢筋水泥森林的生硬，塑造特色鲜明又充满生机的城市景观（图 1-8 ～图 1-10）。树木不仅是城市的景观，也是城市历史和文化的见证者。如果一个城市的文脉与这个城市的树木融合，则又有了另一层文化内涵。

（3）创造空间，游憩休闲

树木还可以用来创造物理屏障，创建各种柔性的城市空间。树木随着时间的推移和季节的变化，叶容、花貌、枝干、姿态等发生变化，在园林景观设计中，可将树木栽植成各种形态，形成开敞空间、闭合空间、半封闭空间和纵深空间等。在建筑密集的城市地区，这些空间越来越受欢迎（图 1-11）。

（4）组织交通，保护道路

道路、广场和停车场等地的树木可引导、分流行车与行人。行道树在减少交通事故人员死伤方面发挥了积极的作用。[31] 树木还能保护道路，如行道树的遮阴降温作用可防止柏油路面的老化，特别是夏天，可减少路面洒水。行道树在生长过程中，根系在土壤中纵横交错、盘根错节，形成一张厚重的网，起到了巩固路基的良好作用，能有效防止路基塌陷（图 1-12）。

图 1-8　北美枫香树木景观（南亭公路）

图 1-9　黄连木（*Pistacia chinensis*）树木景观（名都路）

图 1-10　银杏树木景观（安汾路）

图 1-11　通过树木分隔与围合空间

图 1-12　隔离带树木引导、分流行车与行人（曲阳路）

1.2.4 减缓地表径流

树木对截留雨水、促进雨水入渗、减少地表径流、缓解城市内涝等方面也有积极作用。树木冠层对雨水有截留作用，雨水降落到树木冠层时，由于茂密的树木冠层阻拦雨水直接滴落在地表层，小部分雨水被树木的枝叶拦截，附着于枝叶、树干的表面，这种截留作用不仅减少了地表径流量，而且推迟了产生径流的时间。不同的树种树冠截留能力不同，树木越高，树冠越密，层次越多，叶片越细，滞留的雨水越多（图1-13）。

郝奇林采用森林生态定位研究方法研究林冠层对降水截留的影响，发现川滇高山栎（*Quercus aquifolioides*）林、灌竹林、岷江冷杉（*Abies fargesii* var. *faxoniana*）林林冠平均截留量分别为278.2、362.1和353.7mm，林冠平均截留率分别占降雨量的35.77%、46.55%和45.47%。树木的枯枝落叶可以吸收下落雨水的冲击力，防止对下面土壤的溅蚀。[32]枯枝落叶还可以改善土壤温度，减少蒸发，像海绵一样吸收、减缓地表径流，保持水土，防止土壤冲刷（图1-14）。有研究表明，枯枝落叶吸持水量可达到自身干重的2～4倍。[33]树木根系能够保持水土，根系越发达，疏渗和蓄留雨水效果越好，反之则差。所以，在倡导海绵城市建设的理念下，加大乔木的种植是缓解雨洪管控的有效途径之一。

图1-13 高大完整的乔木及落叶层

图1-14 树木枯枝落叶层

1.2.5 生物多样性保护

生物多样性是生物之间以及与其生存环境之间复杂关系的体现，也是生物资源丰富多彩的标志。生物多样性是人类赖以生存和发展的基础，对城市生态系统而言，生物多样性具有经济、生态、科学研究、美学等多方面的重要价值，也是极其重要的环境资源。[34]1986年，Norse，E. A. 等在《The Wilderness Socity》

刊物上提出了"在我们的自然森林中保护生物多样性"的观点。[35] 森林是多种动物的栖息地，也是多种植物的生长地，是陆地生态系统中生物多样性最丰富的地方。

树木是绿地的主要组成部分，是绿地生态效益的物质基础，是维持和保护生物多样性的重要场所。树木为动植物提供了很好的生存、发展空间，不断增加动、植物的种类和数量。如浆果类树木可为鸟类提供食物，蜜源类树木可为蜜蜂提供花粉和花蜜（图1-15、图1-16）。可通过合理配置树木种类，为鸟类和其他生物提供栖息场所和食物，增加城市鸟类和其他生物的多样性，维持城市绿地系统的可持续健康发展。

图1-15 蜜源树木——椴树（*Tilia tuan*）

图1-16 食源植物——海棠（*Malus* cv.）

1.3 树木生长的需求

树木的生长需要什么条件？可总结为五大基本要素：土壤、水分、光照、温度和肥料，这五大要素是维持树木生长的基础。除了这五大要素，还有地形、地势、生物、人的活动等影响因素。不同品种的树木，生长所需五大基本要素的最佳水平也不尽相同。如果一棵树木处于最佳的土壤、水分、光照、温度等条件下，就会完全展现出生长的基因潜力。行道树与广场树木的生长环境不同于自然森林中的树木，它是以人为活动集中的城市地域为主，生长环境受到典型的人为因素的影响。因此，在进行行道树与广场树木栽植与养护时，不仅要了解不同树木生长所需要的一般环境条件，还应了解城市环境对树木生长可能产生的影响。

1.3.1 对土壤的需求

土壤是树木生长的基础，供给和协调树木生长发育所需的水分、养分、空气和热量。树木通过生长在土壤中的根系来固定支撑其庞大的树体，根系从土壤中汲取水分和养分。土壤主要通过厚度、质地、结构、温度等物理性质以及 pH、肥力等化学性质来影响树木的生长发育。

土壤质地均匀，通气透水性能好，并具有一定的保水保肥能力，树木根系分布得越深，就越能吸收更多的水分和养分。土壤密度过高，会阻止根系生长及穿透土壤，如果树木根系无法穿透土壤，则植物根系只能分布于浅表。土壤的可用体积越大，树木的生长潜力越大。

土壤温度影响树木根系生长、呼吸和吸收能力，对土壤微生物活性、土壤气体交换、水分蒸发以及有机物分解等都有显著影响。根系生长都有最适、上限和下限温度，温度过高或过低对根系生长都不利。高温可促进根系的生长，但是根系衰老加速，降低细根的寿命，抑制根系对养分和水分的吸收。与正常条件生长的对照根系相比，低温胁迫下的根表现为根尖发黄、褐化、坏死，根系生物量下降。[36]

土壤 pH 值与营养元素的溶解性有着密切联系，进而影响土壤中养分的有效性。如果 pH 值在 6.0 ~ 7.5，则大部分养分可以被充分利用。如果土壤酸性过大，则许多养分的有效性会急剧下降。如果土壤为碱性，则 Fe、Mn、Zn 等营养素的有效性将下降。按树木对土壤 pH 值的要求，可将其分为酸性土树种、中性土树种、碱性土树种。

树木根系通过离子交换方式从土壤中吸收生长所需的营养物质。树木所需的很多养分都以阳离子形式存在，这些阳离子包含在带负电荷的土壤中。土壤中的有机物与粘土都带负电荷，在保持阳离子上起着重要作用。增加土壤阳离子交换能力的最简单办法是增加土壤中的有机物含量，增加的有机物除了能提升阳离子交换能力外，还可以带来很多其他方面的益处。

1.3.2　对水分的需求

水是树体生命过程中不可缺少的物质。水对细胞壁产生膨压，支持树木维持其结构状态。树体吸收的大部分水分被用作蒸腾作用，来降低树体温度，完成对养分的吸收与输送。当吸收与蒸腾之间达到动态平衡时，树木生长发育良好，当平衡被破坏时，会影响树木新陈代谢的进行。按树木对水分的要求，可以分为耐旱树种、耐湿树种和中性树种。树体需要一定的水分才能萌芽，若水分不足，会延迟萌芽或萌芽不整齐，影响新梢生长。新梢生长期，枝叶生长迅速旺盛，需水量最多。花芽分化期需水量相对较少，如水分缺乏或过多，花芽分化困难，形成花芽较少。花期需要一定的水分，花期缺水会引起落花。果实发育期也需要一定的水分，水分过量则会引起落果和病害。休眠期需水量较少，缺水会使枝条干枯或受冻。

土壤水分的含量还与气体的交换有直接关系，随土壤含水量降低，苗木净光合速率、蒸腾速率和气孔导度均下降。[37] 土壤 O_2 供应充足，根系长、密度大、颜色浅、须根量大，根系生理活动旺盛，具有较好的吸收功能。土壤 O_2 供应不足，根系短而粗、颜色发暗、根毛大量减少，根系发育不良甚至死亡。乔本梅等调查土壤空气中 O_2 浓度对果树生长和结果的影响中发现，土壤空气中 O_2 浓度在 10% 以上，根系能正常生长，地上部生长良好；在 10% 以下，根系和地上部生长均受到抑制；若降至 5% 以下时，根系和地上部生长均停止；降为 1% 以下时，则根系开始死亡，地上部也凋落枯死。同时，土壤 O_2 不足，土壤内微生物繁殖受到抑制，微生物分解释放养分减少，降低了土壤有效养分含量和树木对养分的利用，影响树木生长。[38]

1.3.3　对光照的需求

光是植物进行光合作用的必要条件，光照对树木生长发育的影响主要是光照强度和光照持续时间两个方面。不同树种对光照强度的适应范围有明显的差别，一般可将其分为喜光树种、耐阴树种、中性树种三种类型。光照不足会使树木生长发育受到抑制，出现枝条纤细、叶片黄化、根系发育差、木质化程度低、易发病虫害等问题。光照太强会灼伤叶片，出现黄化、落叶甚至引起树木死亡。光照持续时间也称光周期，指树木对昼夜长短的日变化与季节长短的年变化的反应，光周期可以诱导花芽的形成与休眠的开始。根据这一特性可将树木分为长日照树种、短日照树种、中日照树种三类。

1.3.4　对温度的需求

温度是影响树木生长发育的重要条件，决定着树种的自然分布范围，也影响着树木的生长发育和生理代谢。树木原产地不同，所需温度也不同，自然界中各种树木的地理分布情况通常分为四类，即热带树种、亚热带树种、温带树种和寒带树种。

对树木起限制作用的温度指标主要是年平均温度、年积温、极端高温和极端低温。树木的萌芽、生长和休眠等发育过程都需要合适的温度，超过极限高温与极限低温，树木很难生长。低温条件下，叶绿素虽继续吸收太阳辐射，但能量却不能以有效的速度被转送到正常的电子吸收成分中来避免光阻效应。高温引起原生质发生质变而凝固，使原生质结构受到破坏；高温破坏植物体内的新陈代谢，叶绿体受到破坏不能进行光合作用，酶受到破坏使呼吸作用不能正常进行；随着温度升高，空气湿度降低，蒸腾量加大，叶面温度也升高，蒸腾量超过根系的吸水能力，产生生理萎蔫和生理干旱。不同树种对温度的耐受能力不同，一般而言，叶片小、质厚、气孔较少的树种，对高温的耐受能力较强。有的树种既能耐高温又能耐低温，如麻栎（*Quercus acutissima*）、桑树（*Morus alba*）等全国各地都有分布，而有些树种对温度的适应范围很小，如橡胶树（*Hevea brasiliensis*）只分布在最低气温高于 10℃的地区。

1.3.5 对肥料的需求

肥料是为绿色植物直接提供养分的物料，正是由于这些养分，种子才能萌芽，植物才能由小长大，直到开花结果。植物体内这些有用的物质被称为营养元素，也就是我们说的养分。树木生长发育需要 16 种必需的营养元素，各种营养元素执行一定的生理功能，当树木长期缺少某种元素时，则会在形态结构与生理功能等方面发生反应，如生长减弱、植株矮小，甚至死亡。[39] 吕世凡发现严重缺乏微量元素 B 和 Zn，会导致桉树生长受到抑制，出现生理性病害等。[40] 阮晓峰通过测定土壤和叶片元素含量以及统计分析之后得出：香樟叶片中 Fe 与 S 元素缺乏会造成香樟的黄化现象（图 1-17），导致叶绿素的含量较低，表现出叶绿素主要成分 Mg 元素的含量偏低。[41] 土壤中的 Zn 和 Mn 元素缺乏可能会导致香樟的黄化病。

树木生长所需的肥料，大部分由土壤供给。由于考虑到城市卫生和环境的美化，城市树木的落叶和残枝经常会被当作垃圾清除运走，这些有机物无法再回到城市土壤中，造成城市土壤循环中断，土壤质量每况愈下，不能完全满足城市树木生长的需要。为改善城市土壤对树木养分的有效供给，应对城市树木施加合适的肥料以增加土壤养分含量，或者对树木的凋落物进行处理后回补给树木。

综上所述，城市环境是人类生存的物质和精神载体，城市树木在改善城市环境质量、维护生态平衡的同时，又受到城市环境中各种不良因子的影响。如何应对多变而又脆弱的城市环境，让树木更健康地生长，发挥最大限度的生态效益和景观功能，需要我们根据城市树木实际情况，在栽植、养护和管理等各个方面不断进行技术探索和创新，处理好城市环境与城市树木之间的关系，为城市树木创造最佳的生长条件。

图 1-17 香樟黄化

参考文献

[1] Kevin Lynch. The Image of the City [M].Cambridge：MIT Press，1960：1-187.

[2] 杨瑞卿，汤丽青. 城市土壤的特征及其对城市园林绿化的影响 [J]. 江苏林业科技，2006（03）：52-54.

[3] 廖伟平. 广州市城市广场绿化景观营造研究 [J]. 西北林学院学报，2013，28（04）：235-239.

[4] 王欢，谢友超. 浅谈城市广场绿化 [J]. 南京农专学报，2001（02）：62-64；67.

[5] Heisler G M. Energy savings with trees [J]. Journal of Arboriculture. 1986，12：113-125.

[6] McPherson E G，Simpson J R. Potential energy savings in buildings by an urban tree planting programme in California [J]. Urban Forestry and Urban Greening，2003，2：73-86.

[7] 刘韵琴. 城市绿地观赏树木的生态功能研究 [J]. 安徽农业科学，2011，39（27）：16923-16925.

[8] 宋彦文，谭雪梅，房翠平. 居民小区绿地生态系统的可持续发展 [J]. 中国林业，2012（7）：49.

[9] 张鹏. 杭州市主要绿化树种调节温度效应研究 [D]. 泰安：山东农业大学，2010.

[10] 袁玲. 植物结构对交通噪声衰减频谱特性的影响 [J]. 噪声与振动控制，2008，5：154-156.

[11] 王慧，郭晋平，张芸香，等. 公路绿化带降噪效应及其影响因素研究 [J]. 生态环境学报，2010，19（6）：1403-1408.

[12] Nowak D J，Dwyer J F. Understanding the benefits and costs of urban forest ecosystems，p.11-25. In：Kuser，J.E.（eds）Handbook of Urban and Commun Forestry in the Northeast. Kluwer Academic/Plenum，NewYork，2007.

[13] Harris R A，Cohn L F. Use of vegetation for abatement of highway traffic noise [J]. ASCE Journal of Urban Planning and Development，1985，111：34-48.

[14] 张明丽，胡永红，秦俊. 城市植物群落的减噪效果分析 [J]. 植物资源与环境学报，2006，15（2）：25-28.

[15] 陈少鹏，庄倩倩，等. 长春市园林树木固碳释氧与增湿降温效应研究 [J]. 湖北农业科学，2012，51（4）：750-756.

[16] 汪成忠. 上海八种园林树木生态功能比较研究 [D]. 哈尔滨：东北林业大学，2009.

[17] 张家洋，周君丽，任敏，等. 20 种城市道路绿化树木的滞尘能力比较 [J]. 西北师范大学学报，2013，49（5）：113-120.

[18] Krueger A P. The biological effects of air ions [J]. Biometeorology，1985，29：205-206.

[19] 秦俊，王丽勉，高凯，等. 植物群落对空气负离子浓度影响的研究 [J]. 华中农业大学学报，2008，27（2）：303-308.

[20] 吴楚材，郑群明，钟林生. 森林游憩区空气负离子水平的研究 [J]. 林业科学，2001，37（5）：75-81.

[21] 王洪俊. 城市森林结构对空气负离子水平的影响 [J]. 南京林业大学学报（自然科学版），2004，28（5）：96-98.

[22] 刘礼. 浅析森林破坏的现状及保护对策 [J]. 中国林业产业，2016，11：195-196.

[23] 花晓梅. 树木杀菌作用研究初报 [J]. 林业科学，1980，16（3）：236-240.

[24] 褚泓阳，弓弼，马梅，等. 园林树木杀菌作用的研究 [J]. 西北林学院学报，1995，10（4）：64-67.

[25] 谢慧玲，李树人，等. 植物挥发性分泌物对空气微生物杀灭作用的研究 [J]. 河南农业大学学报，1999，33（2）：127-133.

[26] Smith WH. Pollutant uptake by plants, p.417-450. In: Treshow, M（Ed.）.Air Pollution and Plant Life. John Wiley, New York, 1984.

[27] Nowak DJ. Air pollution removal by Chicago's urban forest, p.63-68.In: McPherson E G, Nowak D J, Rowntree, R A（Ed.）.Chicago's Urban Forest Ecosystem: Results of the Chicago Urban Forest Climate Project（NE-186）.USAD Forest Service, Department of Agriculture, Radnor, 1994.

[28] 黄焰城，章君果，沈沉沉，等. 宁波镇海区生态隔离林带净化大气的生态效益 [J]. 华东师范大学学报（自然科学版），2009，2：1-10.

[29] 吴翼. 树木遮阴与街道绿化 [J]. 园艺学报，1963，2（3）：295-308.

[30] 陈耀华. 关于行道树遮阴效果的研究 [J]. 园艺学报，1988，15（2）：135-138.

[31] 郁耀平. 公路行道树可降低交通事故损失 [J]. 道路交通管理. 2007，8：42-44.

[32] 郝奇林. 岷江上游亚高山森林林冠截留与枯枝物层持水特性的研究 [D]. 南京：南京林业大学，2007.

[33] 温仲明，焦锋，卜耀军，等. 植被恢复重建对环境影响的研究进展 [J]. 西北林学院学报，2005，20（1）：10-15.

[34] 刘跃建. 城市森林与生物多样性保护 [J]. 四川林业科技，2006，27（2）：54-56.

[35] 郝日明，何晓颖. 城市绿地系统建设如何体现生物多样性的保护 [C]// 江苏省土木建筑学会风景园林专业委员会 2006 年学术年会论文集，2006：31-36.

[36] 孙波. 低温胁迫对甘蔗幼苗根系生长代谢的影响和相关基因 α-tubulin 的功能研究 [D]. 南宁：广西大学，2016.

[37] 孙志虎，王庆成. 土壤含水量对三种阔叶树苗气体交换及生物量分配的影响 [J]. 应用与环境生物学报，2004，10（1）：7-11.

[38] 乔本梅，贺晋瑜. 果园土壤物理性状对果树生长影响的调查试验 [J]. 山西果树，2010，4：13-14.

[39] 张丽霞，彭建明，马洁. 植物营养缺素研究进展 [J]. 中国农学通报，2010，26（8）：157-163.

[40] 吕世凡. 微量元素 B 和 Zn 对尾巨桉 DH32-29 苗木生长的影响 [J]. 安徽农业科学，2018，46（7）：103-105.

[41] 阮晓峰. 上海市香樟黄化成因与环境影响研究 [D]. 上海：复旦大学，2009.

02

第2章

场地分析与生境评估

生境是指生物的个体、种群或群落生活地域的环境，包括必需的生存条件和其他对生物起作用的生态因素。生物与生境的选择关系是长期自然进化的结果。生物有适应生境的一面，又有改造生境的一面。在自然选择的状态下，植物与环境之间的影响是相互的、平等的、动态稳定的。但是对于植物群落这个层次，在人工干扰强烈的环境中，适合什么样的植物生长应该是有一定规律的。近年来，随着城市化水平的不断提高，城市空间下垫面的硬质化比例也在不断提高，特别是行道树和种植在广场中的树木，往往会出现长势不良的现象，这其中不仅有树种适应性的问题，更多的问题是生境条件受到破坏与限制，难以满足树木生长的基本需求。因此，在树木的种植设计和栽植施工之前，进行场地分析可以有效解决城市绿地树木栽植的相关问题，保证树木长久健康的生长。现场进行场地分析同样可以决定实现设计意图所需的措施或技术手段，包括地上空间和地下部分的改变，以及地形改造、小环境改造和土壤改良等。

2.1 地上因素分析

针对待建道路的绿化，设计师应首先考虑的是场地自身条件及周边环境等地上因素。很多场地的自身条件都是显而易见的，如场地的现有植被、原始地形、水体情况、与建筑物的距离、光照情况、架空线以及挡土墙和路面的距离等。在城市的中心区域，建筑物及其附属设施是绿地设计和植物种植特别是高大乔木种植的最大限定因素。现代城市中越来越多的摩天高楼形成了局部的微气候，包括风洞、人造地平线以及限制地面接收降水的硬质地面和"雨影效应"（高楼背风面的实际降水量明显少）。高大的建筑物或建筑群会遮挡一天中大部分时间的阳光，植物不能正常进行光合作用，对于草坪、开花乔灌木等不耐阴植物的生长是非常不利的。此外，各种类型的硬质铺装路面，同样限制了植物的生长空间，影响树木根系的自然延伸。[1] 与建筑物类似的是，路面也会吸收、反射和向四周辐射一些热量。同时，路面还会形成雨水径流，将植物生长所必需的水资源传输到市政管网当中，或者将难以消纳的雨水径流汇入绿地中。

综上诸多因素，对于地上因素的现场评估一定要做到科学性、准确性和长效性，考虑城市中复杂的现场条件对绿地植物和行道树生长过程的影响。

2.1.1 街道条件对树木的影响

行道树生长环境条件主要涉及光、温度、空气、风、土壤和水分等自然条件，同时还与城市街道的特殊环境，如建筑物、管线、交通等因素有关。据 2012 年上海市林荫道和行道树资源抽样调查结果表明，82％的行道树上方有架空线、其他设施或距离建筑较近。因此，行道树生长的环境条件是一个复杂的综合体。

（1）市区与郊区

市区和郊区的环境有着很大的差异，主要是与建筑物的距离和生长空间的不同。两者的道路结构也不一样，郊区道路大部分有隔离带或两侧绿化带，空间比较充足，因此树木根系的发育情况比较好（图2-1）；而市区道路以靠近建筑物的人行道为主，硬化程度高、空间狭窄（图2-2）。市区降雨的分配与郊区显著不同，城市区域降雨日数和降雨量[2]、径流总量、地表径流量及地表径流系数[3]都较郊区有所增加；另外，城市土壤受人为破坏比较严重，土壤的理化性质、营养元素组成都发生了改变。[4]邹秉左等实验发现，无锡城区行道树的落叶远远要迟于郊区行道树。[5]

图2-1　郊区行道树（大堤路）　　　　图2-2　市区行道树（大名路）

（2）道路走向与板式

道路的走向一般分为东西向和南北向，不同的道路走向形成不同的行道树生境。假若其他条件一致，东西走向的道路，如果道路两侧的建筑比较高大，或者建筑与道路距离比较近，则该路段的行道树和道路绿化的光照将会受到影响。而南北走向的道路受光照条件影响较小。行道树设计在满足道路通行和安全的前提下，根据不同道路板式进行设计。道路断面板式一般有四种，包括单幅路、两幅路、三幅路和四幅路（图2-3）。不同的道路断面板式可以形成不同的道路绿化风格和效果，道路除两侧种植行道树外，1.5m宽度以上的分车带也可栽植乔木，这样可以达到更好的遮阴通风、美化景观的效果。

2.1.2　公用设施对树木的影响

在城市环境下，存在很多结构性限制的情形，而且这种限制大多是潜在的。例如：地下建筑顶板、通信光缆，以及市政管网等。在很多地下结构之上的植物，栽植时的限制条件可能是未知的。一些位于浅表层的结构，大大限制了树木栽植的深度。

图2-3　四幅路景观（云锦路）

　　行道树上方和侧面有很多架空线、交通指示牌和路灯等设施（图2-4），不得不通过"开心型修剪"方式缓解这些空间的矛盾（图2-5）。经常可以看到数条管线从树冠中央穿过，甚至偶尔还会看到被平头截去的行道树。此外，道路交叉口还要充分考虑树木与交通标志的关系，需要妥善处理好道路行车安全与行道树美观的关系。[6]

　　靠近挡土墙、防汛墙等结构的栽植也会受到空间限制。挡土墙背后的额外荷载可能会导致整面墙体的扭曲或坍塌，在这种情况下需要对额外的重量进行计算与设计。根据《上海市防汛条例》第三章第二十二条的规定，在防汛墙保护范围内，禁止搭建建筑物或者构筑物等危害防汛墙安全的行为，对沿江、沿河的绿化建设也有一定的限制，如不能栽植大规格乔木等。

图2-4　树木上方的架空线

图2-5　树木采用开心型修剪避开上方架空线

2.1.3　城市小气候条件对树木的影响

　　众所周知，一个地区的降水、极端温度、极端湿度、光照情况等气候条件对树木的生长影响很大，是植物生长的主要限制条件。台风暴雨、高温干旱和雨雪冻害等极端气候会对树木造成损伤。除此之外，在城市环境下，不同的建筑物、下垫面、水体和现有植被情况，也会形成小范围内特有的气候状况，被称之为小气候。小气候对植物的生长同样有很大的影响。

（1）台风暴雨

台风往往带来狂风暴雨，大量降雨降低了树根固定土壤的能力，造成树木特别是行道树不同程度的倒伏。大风则加剧了树木倒伏的程度。倒伏后的行道树部分死亡，部分生长不良，导致行道树树木规格差异较大。每年夏天，上海地区都会一定程度上受到台风的侵袭，一般从 7 月下旬至 10 月初。2012 年 8 月 8 日，台风"海葵"袭击上海，部分市区出现 11～12 级大风并伴随长时间暴雨。根据上海市防汛办的统计，全市共有 3 万余株树木伏地，其中行道树 1 万余株（图 2-6）。

图 2-6　台风"海葵"造成树木倒伏

（2）高温干旱

受气候变化的影响，近几年上海屡次出现高温天气，根据上海市徐家汇国家气象站观测资料，2013 年上海市高温日数（日最高气温 ≥ 35.0℃）共计 47 天，其中 6 月 2 天、7 月 25 天、8 月 20 天，40℃以上的超高温日有 5 天。洒金桃叶珊瑚（*Aucuba japonica* var. *variegata*）、毛鹃（*Rhododendron pulchrum*）、金丝桃（*Hypericum monogynum*）、金叶女贞等不耐热、不耐旱的植物大量死亡（图 2-7），银杏也出现了大量结实、落叶的假死性状（图 2-8）。因此，行道树、高架绿化、立体绿化等养护不便的区域，绿化设计时应格外注意当地极端气候对植物的影响。

图 2-7　植物干热枯死照片

图 2-8　银杏高温假死（天山路）

（3）雨雪冻害

2016年1月，上海连续多日出现低温寒潮，最低气温－7.2℃。加拿利海枣（*Phoenix canariensis*）、银海枣（*Phoenix sylvestris*）、华盛顿棕榈（*Washingtonia filifera*）等棕榈科植物大面积冻伤，甚至死亡。2018年1月，上海又连续受到低温寒潮的影响，并带来持续多日的降雪。香樟等常绿树种，出现因积雪过重而折断的情况，仅嘉定区就有150余株香樟行道树断枝。在种植设计时，对于树种的选择不仅要考虑其景观效果，还要考虑植物自身的生物习性和抗性特征，尽可能的选择与当地气候相符合的树木种类。同时，可以通过控制常绿树与落叶树比例、防冻包裹、及时修剪和敲落积雪等方法避免低温降雪对树木的伤害（图2-9）。

图2-9　香樟积雪断枝

（4）场地小气候

强烈的人类活动改变了城市的气候特征，城市区域下垫面的改变和人为热、废气等的排放导致了城市气候要素的变化。[7] 同时，随着城市化进程的加快，城市规模和建设用地呈现巨量增长，在一派繁华的水泥森林背后，城市内的微气候也悄无声息的发生着改变。在缺少森林覆盖的城市中，不同的下垫面会产生不同的小气候。与大范围气候相比，小气候的范围比较小，主要集中在2m以下。无论垂直方向还是水平方向，小气候的差别都比较大。另外，小气候的变化非常快，温湿度和风速会随时间变化而发生改变，且具有明显的脉动性。越接近下垫面，温湿度和风速的变化越大，一些地区的地表温差可达40℃甚至更高，而2m高处温差只有20℃左右。这些不同的小气候条件会对植物的生长产生积极或消极的影响。[8]

2.1.4　现有植被对树木的影响

对于很多改造提升的绿化项目而言，现场评估的另一个主要内容就是对场地中现有植被的深入分析，确定哪些植物可以继续利用，哪些植物需要更换调整。植被的各个方面综合反映出了植物的健康状态，包括树叶初秋的变色、树叶焦枯的边缘、树叶面积的明显变小、不自然的树叶黄化等。这些现象可以通过远距离观察和近距离确认。

（1）树木健康与活力

对树木的健康与活力进行评估的方法，是对植物在任何特定年份植物生长量的评估，这被称作"生长增量"。生长增量的确定方法为：从短枝末端向后测量至其之前一年的最后一个顶芽之间的距离，即其一年的生长。[9]对于大多数挺过移植恢复期并且生长三年或以上的树木而言，每年的增量为 5 ~ 15cm，甚至更长。在移植之后的最初几年中，由于移植恢复期的影响，生长增量可能会更小。可以通过对数年中生长增量的记录，确定植物生长的短期历史。对于健康状况良好的树木应尽可能地结合设计，原位利用。

（2）树木的外部损伤

在大部分情况下，外部损伤显示为树干上的深沟甚至是深达植物木质部的损伤。外力损伤的原因难以预见，过于靠近树木的线式修边机的破坏、车辆的破坏以及施工设备操作都可能对树干、树枝以及树根造成损伤。[10-13]台风和严重的积雪与霜冻也可能导致树木与枝干的断裂或损伤（图 2-10）。现场评估过程中，如果树木的损伤比较严重，已经影响到树木的健康和景观，则应做好标记，在施工时进行移除。

（3）树木种植密度

随着时间的推移，部分没有获得充足阳光的树木，其内部枝条可能会衰败，树木出现断枝，甚至死亡的危险。在一片密植的树丛中，内部树木的光照和通风条件都不理想，往往会逐步衰弱直至被淘汰。特别是 20 世纪 90 年代以来，一些建设时期较早的绿地，受到一次成型成景设计理念的影响，在种植初期的密度就过大，随着时间的推移，植物群落的密度已经达到或超过临界点，植物长势开始衰弱，景观面貌也受到影响（图 2-11、图 2-12）。植物群落密度的评估主要依赖于对现场植物长势和预留空间的判断。

（4）有害生物

对于现有植被而言，有害生物管理主要是病虫害的发生情况，这可能是一个季节性问题，一般对于树木没有长期的影响。[14]如果昆虫成为另一种疾病的带菌者，则可能会导致毁灭性的

图 2-10　风力造成的树木损伤

图 2-11　植物群落调整前（丹桂园绿地）

图 2-12　植物群落调整后（丹桂园绿地）

死亡。在近期的历史中，荷兰榆树病导致大面积的树木死亡。某些植物属与物种尤其容易受到昆虫的侵扰。对于上海地区的树木，特别是行道树而言，主要的虫害是天牛和白蚁（图 2-13～图 2-16）。这两种虫害每年给上海地区的树木带来严重的危害，而且常规防治手段的效果并不显著。在评估现场的植被时，应重点检查这两种虫害是否存在。若发现存在应及时采取措施防治或者清除。近十多年来，一些有条件的地区，如普陀外环林带、世纪公园和新江湾城绿地等（图 2-17、图 2-18），持续采用天敌保育和生物防治等多种生态绿色防控方法，减少化学药剂的使用量，取得了较好的效果（图 2-19、图 2-20）。昆虫骚扰与侵害的性质非常复杂，需要有昆虫学或植物保护学的专业知识和经验。

图 2-13　悬铃木上的天牛洞穴

图 2-14　天牛幼虫

图 2-15　白蚁成虫和幼虫

图 2-16　悬铃木上的白蚁蚁道

图 2-17　新江湾城绿地

图 2-18　世纪公园招引灰喜鹊

图 2-19　周氏啮小蜂繁育

图 2-20　释放周氏啮小蜂防控刺蛾等害虫

2.2　地下因素分析

针对人流量大的城市硬质空间，地下环境相对于地上因素更为复杂。城市高密度的建筑不仅侵占了地上空间，其影响也延伸到了地下。土壤质量、市政管线、地下建筑开发、土壤结构破坏以及地下水位等问题，同样影响着植物的选择、栽植和后期养护。

2.2.1　土壤质量的影响

园林绿化行业内有一种强烈的共识，树木的大部分问题都来自种植土壤，土壤在很大程度上决定了植物造景是否成功，对于行道树和广场绿化中的树木更是如此。[15-16] 因此，土壤评估是现场评估过程中最为关键的一部分，也是花费精力和时间最多的部分。评估的第一步，需要对土壤的理化性质进行检测。同时，也需要了解土壤的有效种植深度与可用体积。一般而言，土壤分层比较简单。表土层之下是下层土，有机物含量更少，其密度也通常比表层土更大。下层土之下是母质层，其包含由下层岩石层新近分解的石块。但大部分的城市区域，这些典型的土壤分层并不常见。

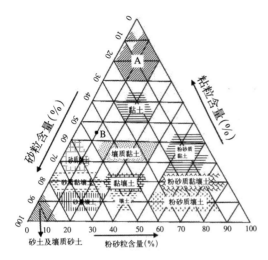

图 2-21　土壤质地三角

（1）土壤的质地

土壤不仅仅是固体。理想的土壤包括大约 45% 的固体矿物、5% 的有机物固体以及各 25% 的水与空气。土壤中的固体矿物部分由三种类型的颗粒构成：砂土、粉土与黏土。这些颗粒中，砂土颗粒是最大的。土壤中砂土、粉土与黏土的百分比构成了土壤的质地。土壤根据其质地进行命名，如粉质黏土。黏土含量约为 20% 或者更高的土壤通常被直接称为"黏土"。同样，砂土含量超过 50% 的土壤被称作砂土，粉土含量为 40% 的土壤被称作粉土。土壤质地可以影响土壤的很多特性，尤其是排水，因此是非常重要的（图 2-21）。

土壤自然结构体的构造使组合颗粒可以有更好的聚合。当这些较大的聚合体集合到一起时，会形成大型的孔隙，也被称为"大气孔"，这一结构对土壤中水与空气的交换是至关重要的。在土壤自然结构体内部，较小的孔隙被称为"结构体内气孔"或"小气孔"，这些气孔可以保持土壤中的大部分水分。由于附着力和内聚力的作用，土壤具有非常好的持水能力。土壤质地与结构的相互作用很大程度上决定了土壤中能保持多少水分，排出多少水分。对于每种土壤质地，从大气孔到小气孔，如果颗粒直径变小，则克服重力保持水分的能力会增加。砂土的颗粒与气孔都很大，因此其附着力较差，无法很好地保持水分。在黏土中，由于颗粒表面与水分靠近，小气孔可以牢靠地锁定水分。这些土壤可以克服重力作用并保持大量水分。不同的土壤质地，植物有效水分也不同。质地良好的土壤可以在土壤自然结构体之间保持水分，并允许水分排出。充气与持水能力之间的平衡对于植物生长而言是最为理想的。

（2）土壤质地的评估

在现场评估时，除通过实验室化验的手段划定土壤质地外，还可以凭借实践经验，通过触感来确定土壤的质地（图 2-22、图 2-23）。通过触摸对土壤类型进行评估的技术比较成熟，在日常工作中也广泛使用。与砂土含量较多的土壤相比，含有较多黏土或粉土的土壤更容易形成具有弹性的长条，这也是由土壤质地决定的。[17]

判断土壤物理特性的另一个简单试验是渗透试验（图 2-24）。水分在土壤剖面中的移动速度取决于土壤质地、土壤结构以及土壤的紧实度。[18] 渗透试验在经过一场透雨湿润土壤的情况下效果最佳。如果较长时间无降雨时进行渗透试验，则需要在试验开孔及其周围 30 ~ 60cm 的范围内，尽量保证土壤潮湿。在实验过程中，需要测定通过土壤剖面的水分的流速。这在很大程度上取决于现场土壤的

图 2-22 现场判断土壤质地

图 2-23 现场测试土壤分层与质地

大气孔的多少。大气孔将水向下排出的速度越快，气体补充的速度也就越快。在饱和或接近饱和的土壤中，渗透 10cm 或者小于 1h 的结果表明排水速度很慢，并且将会给植物栽植带来问题。

（3）土壤化学特性的评估

pH 值是土壤重要的化学性质特

图 2-24 双环入渗仪测试土壤渗透性

性，土壤的 pH 值通常介于 4.0 ～ 8.0，各种植物都有其适宜的 pH 范围，超过这个范围，植物的生长将受阻。园林植物对 pH 敏感程度要远大于农作物，pH 高将直接影响植物对 Fe、Mg 等元素的吸收，从而影响植物的叶色、花色和整体的生态景观效果。由于很难改变整个场地中的 pH 值，因此了解各种植物对土壤 pH 值的耐受性是非常重要的。在不适宜的 pH 值土壤中栽种的树木会出现营养不良的情况，直接影响到植物的生长。

养分含量也是土壤重要的化学特征，对于景观植物而言，提供养分对于植物的迅速生长是有帮助的。水和溶解的养分通过渗透作用进入根部。在排水不畅或氧气有限的土壤中，根的有氧呼吸受到影响，养分的吸收也会减少。如果一次施用化肥过多，会使土壤中的盐分浓度大于根部的盐分浓度，水分就会从根部移动到土壤中，使根部细胞失水，植物会出现缺水萎蔫的现象。这就是常见的"化肥灼伤"，或者叫"烧苗"。植物所需的很多养分都以阳离子的形式存在，如钙（Ca^{2+}）、镁（Mg^{2+}）与钾（K^+）。这些阳离子可能包含在带负电荷的土壤中。土壤捕获阳离子的能力被称为阳离子交换能力（CEC），是保持土壤肥力的一种方法。有机物与黏土含量很低的土壤保持植物所需的阳离子的能力较差。较强的阳离子交换能力将会吸引铅（Pb^+）以及一些其他的重金属，并使其较难离开土壤。如果 CEC 值大，土壤的缓冲作用就大。在酸性物质或者碱性物质进入土壤时，可以有效进行离子交换，土壤溶液的 pH 值变化幅度就不会很大。

有机质是另一个重要的土壤化学特征，一般是指存在于土壤中的所有含碳的有机物质，它包括土壤中各种动植物残体、微生物群落及其分解、合成的各类有机物。虽然土壤有机质在土壤总重量中所占比例很少，但它在土壤肥力、土壤结构、保水性、通气性等方面都发挥着很重要的作用。土壤有机质自身能够吸收、保持大量的水分，如腐殖质的吸水性比黏粒的大 10 倍左右。土壤有机质的含量越高，土壤中的有机胶体就越多，从而使土壤的持水能力增加。土壤有机质还会影响土壤的结构，能改变砂土的分散无结构状态和黏土的坚韧大块结构，使土壤的通气性、保水性都有所改善，使土壤水分入渗速率加快。[19] 另一方面，土壤动物依靠有机质作为食料，并因其混合土壤和形成通道而提供良好的物理性，促进土壤团粒结构的形成。

2.2.2　地下管线的分布情况

通常情况下，市政管网一般沿着道路进行布设，这样可以结合道路施工大大减少空间的占用，也可以减少反复施工对市容和交通的影响。但是，沿道路设置的各种管线对行道树的影响非常大，在行道树栽植区域的地下有路灯线、煤气管道、污水管、自来水管、雨水管、各种通信光缆等至少六七种管道、管线。星罗棋布的地下管网对行道树的栽植设计和根系正常生长都是一种挑战。很多情况下，树穴下方 1m 之内就可能出现管线，严重时会影响树木根系的生长（图 2-25）。

图 2-25　行道树种植区域的地下管道

《上海市绿化条例》第二十六条规定："地下管线外缘与行道树树干外缘的水平距离不小于 0.95m；架设电杆、设置消防设备等，与树干外缘的水平距离不小于 1.5m。"但在实际操作过程中，有时建设单位跟绿化管理部门没有很好地沟通，导致道路绿化与地下管线之间没有达到"安全距离"。因管线离根系过近，加上经常性的开挖，极大地影响了树木根系的正常生长。

2.2.3　场地的地下开发情况

广场绿化与行道树相比，市政管网对场地设计和植物选择的影响并不是很显著，但是这并不意味着绿地的地下空间没有限制条件。像北京、上海等特大型城市，绿地建设场地的地下空间往往会有一定程度的开发利用，如建设地铁、民防设施、商业空间或者地下停车场等。这种地下顶板上方的场地状况，相当于将绿地建设在硬质下垫面的屋顶。荷载的测定成了这类场地分析的首要问题，场地的地形设计、种植土高度、植物配置的基础都是顶板的荷载量。为此，各地根据实际情况出台了相关管理办法。另一方面，地下空间开发会导致上层绿化种植土层厚度受到限制，影响绿化植物的持续健康生长。因此，从绿化的生态效益来看，还是不倡导大面积的地下空间开发。

2.2.4 地下水位高度的影响

上海、宁波等沿海冲积平原城市和武汉、无锡等大型河流沿岸城市的地下水位普遍较高。[20] 这些城市的地势低洼、地面蓄水空间薄、土壤入渗率低、硬质地表比例高，个别区域的地下水位只有 50cm 左右，很难满足普通树木的生长需要。这类场地的植物选择应以垂柳、落羽杉（*Taxodium distichum*）（图 2-26）、榉树（*Zelkova serrata*）、枫香（*Liquidambar formosana*）、乌桕（*Sapium sebiferum*）等耐水湿树种为主，配合场地的地形改造和土壤改良，保证植物的正常生长。同时，应注意整个场地的排水设计，场地的排水设计不合理很容易发生内涝，影响植物健康和绿地景观。

图 2-26　水中生长的池杉

2.3　现场评估与决策

2.3.1　树木生长空间

对栽植的可用空间进行评估是现场评估的关键工作。确保在设计时考虑到了现场架空线的限制因素，确定是否需要栽种成熟个体高度低于电线高度的植物，确定是否需要栽种树冠宽大的植物。这些问题，在进行现场评估时都应及时做出决策，以此来主导接下来的绿化设计。

选择合适的树木大小和树冠形状是设计的第一步。同时，还必须对有效的根系体积进行评估。如果土壤过于紧实而不利于根系生长或者是排水不畅，则必须做出改良土壤的决策。如果树木位于屋顶或地下建筑顶板的上方时，实际种植土壤的体积受到限制，需要对设计方案重新进行评估，以确保植物健康生长所需要的土壤体积。或者采用较小的植物，以符合实际土壤体积的种植要求。

地下管线始终是城市环境下树木栽植需要慎重考虑的因素。尽量避免在供水、供电、供气管线的上方栽种深根性的树木。当然，必须根据实际情况进行具体分析。城市环境中，特别是道路绿地的地下障碍物非常多，应在树木的种植方位、功能需求与公共设施之间做出平衡的选择（图 2-27）。

2.3.2　种植土壤质量

影响土壤质量的因素包括物理、化学和生物学性质等方面。上海是冲积平原河网地区，年降水总量较高，且空间、时间分布不均衡，同时又受到城市高强度开发等因素影响。因此，影响上海土壤质量的主要因素是物理性质因素。影响土壤物理性质的主要单元是"土壤机械组成"，它是构成土壤结构体的基本单元，反映土壤保肥蓄水和通透性能，直接影响土壤透气、透水和能量转化等性能。以粘粒为主的粘壤具有较高的持水能力，土壤有机质含量高、养分含量丰富、保水保肥能力强，但透气性和排水能力较差；砂粒为主的砂壤正好相反，其保水保肥能力差、有机质含量少、养分缺乏，但透气、透水性较好；而以粉粒为主的壤土，其性质介于粘壤和砂壤之间，具有这两种土壤的优点，更适于植物生长。上海市绿地土壤粘粒含量普遍较高，土壤以典型的粉砂质粘壤土或粉砂质粘土为主，现场对土壤质量的评估过程中可以

图 2-27　现场供电施工对树木根系的影响

通过用手揉搓来观察判断土壤的质地和机械组成。对于以粘壤和砂壤为主的土壤，可以通过改良措施进行调整，土壤改良方法将会在本书 4.2 节中进行详细介绍。

2.3.3　抗性与小气候

经过现场评估，对待建地块的整体情况应该有了比较全面的了解。对于植物的选择与配置可以从抗性和小气候两个方面做出决策。

通过现场评估，能够掌握场地的结构限制、排水情况、土壤结构、质地、养分等情况。根据收集的这些场地信息，可以确定选择植物的抗性要求，如耐阴、耐寒、耐旱、耐贫瘠等。通过了解这些信息，也可以初步设计出植物配置和群落结构，如植被的层次、密度和高大乔木的栽植位置等。

通过现场评估，还能够掌握场地的温度、湿度、光照、通风等小气候特征及其变化规律。根据这些信息，可以对有利于植物生长的小气候特征加以利用，来促进植物的生长和绿化景观的形成；对于不利的小气候特征，可以通过设计手段加以改善，如通过高大乔木和地被植物的应用来改善光照条件和地表温湿度等。

2.4　案例：上海行道树生境评估

如前所述，行道树生境主要包括地上生境和地下生境，生境是行道树生存的

基础条件，生境的优劣直接影响行道树生态功能和社会功能的发挥。调查研究行道树的生境状况，对提升行道树整体长势和景观面貌，指导行道树的建设和养护具有重要的现实意义。

通过对行道树地下生境（土壤、水肥、根系分布等）和地上生境（根冠比等）主要因子进行调查分析，综合判断上海行道树的生境情况。共选择 29 条道路、5 种行道树（共 530 株），进行形态学指标和地上限制因子的调查（表 2-1）。每条道路随机调查 50 株，其中长势好、中、差尽量选取均等。

调查道路和树种　　　　　　　　　　　　　　　　　　　　　　表 2-1

编号	道路	树种	编号	道路	树种
1	复兴中路	悬铃木	16	洛川中路	悬铃木
2	永嘉路	悬铃木	17	广延路	香樟
3	零陵路	悬铃木	18	临汾路	香樟
4	浦北路	悬铃木	19	广灵四路	悬铃木
5	桂林路	悬铃木	20	东体育会路	悬铃木
6	古美西路	悬铃木	21	城西路	悬铃木
7	平阳路	悬铃木	22	西门路	悬铃木
8	龙茗路	香樟	23	观海路	悬铃木
9	漕宝路	悬铃木	24	延川路	珊瑚朴
10	天山西路	悬铃木	25	绥德路	复羽叶栾树
11	仙霞西路	悬铃木	26	灵石路	无患子（Sapindus mukorossi）
12	剑河路	悬铃木	27	杨柳青路	香樟
13	仙霞路	悬铃木	28	怒江北路	悬铃木
14	武夷路	悬铃木	29	枣阳路	悬铃木
15	昌平路	复羽叶栾树（Koelreuteria bipinnata）			

测量行道树的胸径、枝下高、树穴长度、树穴宽度、树穴面积、人行道宽度、冠幅、与建筑物距离等指标和因子。行道树形态学指标和地上限制因子的相关分析结果见表 2-2，从形态学指标以及地上限制因子的调查与测量结果分析来看：每条道路行道树的胸径与冠幅之间的相关系数都较大，达到了极显著正相关的水平；而大部分道路树木的胸径与人行道宽度的相关系数为负值，两者之间呈负相关关系。各道路的胸径与建筑物距离的相关性存在较大的差异，有的达到了极显著正相关的水平，有的呈负相关，还有的部分相关性并不明显。

形态学指标和地上限制因子的相关性分析 表2-2

指标	胸径	枝下高	树穴面积	人行道宽度	冠幅	与建筑物距离
胸径	1	− 0.421*	0.412*	0.296	0.530**	− 0.091
枝下高	− 0.421*	1	0.043	− 0.376*	0.188	− 0.053
树穴长度	0.276	0.318	0.883**	− 0.273	0.445*	− 0.081
树穴宽度	0.458*	− 0.223	0.896**	0.093	0.329	− 0.243
树穴面积	0.412*	0.043	1	− 0.075	0.426*	− 0.178
人行道宽度	0.296	− 0.376*	− 0.075	1	− 0.071	− 0.064
冠幅	0.530**	0.188	0.426*	− 0.071	1	− 0.232
与建筑物距离	− 0.091	− 0.053	− 0.178	− 0.064	− 0.232	1

注：*表示相关性显著；**表示相关性极其显著。

土壤的结构、性质、养分等肥力状况，直接影响着行道树的生长。为了全面了解它们之间的相互关系，以及对道树生长产生的影响程度，对不同行道树种植土壤进行采样检测。

通过调查发现，行道树土壤质地基本为粉质土，全部样品中都含有石砾，其平均含量为13.58%，且基本为建筑垃圾，对树木生长有一定影响。土壤容重大小受土壤压实程度影响，是土壤压实的重要指标。按照全国第二次土壤普查养分分级标准，容重1.25 ~ 1.35g·cm^{-3}土壤偏紧；1.35 ~ 1.45g·cm^{-3}土壤紧实；1.45 ~ 1.55 g·cm^{-3}土壤过紧实。29 条道路的土壤容重平均值为 1.40g·cm^{-3}，高于自然土壤的平均容重 1.3g·cm^{-3}；11 条道路的土壤容重超过了 1.45g·cm^{-3}，属于过于紧实状态，不利于树木的健康生长。平均 pH 值为 8.10，属于弱碱性土壤，对棕榈科、杜英（Elaeocarpus decipiens）、杉科等喜酸性树种有一定影响。

参考文献

[1] Jim C Y. Managing Urban Trees and Their Soil Envelopes in a Contiguously Developed City Environment[J]. Environmental Management, 2001（6）: 819–832.

[2] LOWRY W P. Urban effects on precipitation amount [J]. Progress in Physical Geography, 1998, 22: 477– 520.

[3] 张一平. 城市化与城市水环境 [J]. 城市环境与城市生态, 1998（02）: 20–22+27.

[4] 董惠英, 蒋炳伸, 等. 城市新建绿地系统的土壤剖面、养分特征及与植物生长的关系 [J]. 河南农业大学学报, 2005（01）: 35–39.

[5] 邬秉左, 陈金林. 城市环境对城市植物生长的影响——以无锡为例 [J]. 中国城市林业, 2006, 4（5）: 32–36.

[6] 顾汤华. 城市行道树遮挡道路交通标志问题分析 [J]. 中国城市林业，2013，（11）：39-41.

[7] 冯强，胡聃，王绍斌，等. 城市环境对城市植物影响的研究 [J]. 安徽农业科学，2007（35）：11562-11565.

[8] 胡毅，李萍，杨建功. 应用气象学 [M]. 北京：气象出版社，2005.

[9] 李兴欢，刘瑞鹏，毛子军. 小兴安岭红松日径向变化及其对气象因子的响应 [J]. 生态学报，2014，34（7）：1635-1644.

[10] OKE T R. City size and the urban heat island [J]. Atmospheric Environment Pergamon Press，1973，7：760- 790.

[11] OKE T R. Canyon geometry and the nocturnal urban heat island：Comparison of scale model and field observation [J]. J Chmatol，1981：237- 254.

[12] PAUL B，DAVID F K，BRIAN J S. Enviro nmental Factors Affecting Tree Health in New York City [J]. Jour nal of Arboriculture，1985，11（6）：185-189.

[13] BOONE R，WESTWOOD R. An assessment of tree health and trace element accumulation near a coalfired generating station，Manitoba，Canada [J]. Environmental Monitoring and Assessment，2006（121）：151-172.

[14] 吴文佑，朱天辉. 重大园林植物病害及其研究进展 [J]. 世界林业研究，2006，19（4）：26-32.

[15] KELSEY P，HOOTMAN R. Soil resource evaluation for a group of sidewalk street tree planters [J]. Jour nal of Arborictulture，1990，16（5）：113.

[16] 初丛相，杨义波. 长春市广场树木生长状况与园林植物多样性相关关系的研究 [J]. 吉林林业科技，2006，35（5）：23-25.

[17] Rainer Horn. Introduction to the special issue about soil management for sustainability[J]. Soil & Tillage Research，2008，102（2）.

[18] Hamza MA，Anderson WK. Soil compaction in cropping systems[J]. M.A. Hamza，Soil & Tillage Research，2004，82（2）.

[19] A.J Franzluebbers. Water infiltration and soil structure related to organic matter and its stratification with depth[J]. Soil & Tillage Research，2002，66（2）.

[20] 戴慎志. 高地下水位城市的海绵城市规划建设策略研究 [J]. 城市规划，2017，41（2）：57-59.

03

第3章

树种筛选

我们走在路上，经常会发现道路和广场上的树木有长势衰弱、树叶萎黄、顶梢枯死等不健康的表现（图 3-1）。为了保证城市的面貌，这些长势衰弱的树有时不得不更换。然而，这并不能从根本上解决问题。城市需要什么树？树种选择在城市绿化中的作用愈发凸显。树种选择是根据树种的生态习性及栽植地的立地条件，选择一批能够健康生长的树种，进而最大限度地发挥树木的生态和观赏等功能的活动。城市环境条件十分复杂，选择树种时要对各种不利因素进行综合考虑。合理的树种选择不仅能够提升城市的环境面貌，而且可以充分发挥树木的生态效益。

图 3-1　银杏枯死，生长不良

3.1　筛选原则

3.1.1　因地制宜，适地适树

伴随着城市发展与城市景观的需求，设计师在选择树种时，更多的会考虑景观与设计效果的新颖，大量采用新、奇、特的品种，而缺少对树种本身生态习性的考虑。这些新奇的树种是否能够适应城市的立地条件，尚存在不确定性，最终可能会造成树木长势不良或死亡，这不仅难以改善城市的生态环境和景观质量，而且会浪费大量的人力、物力和财力（图 3-2）。因此，选择树种时必须全面了解树木的生态适应性，充分考虑栽植地的气候变化、降雨量及其分布、土壤厚薄肥瘠、地形的高低等立地条件，尤其要了解树种对当地灾害性气象因子的忍耐能力，不同树种的生态适应性不同，甚至同一树种的不同种源、品种和家系的生态适应能力都可能存在很大差异。

一般情况下，与同地区的自然条件相比，城市为树木生长所提供的环境条件要差一些。对树木影响较大的是建筑物立面的微气候，夏季建筑物东西两侧、南侧气温高、日照强，树木根系所汲取的水分无法弥补由于树叶过快缺水而导致的对水的需求的增加，常引起焦叶和树干基部树皮灼伤。由于城市建筑物的高低、大小、方向以及街道宽度和方向不同，城市局部地区光照分布不均匀，一般东西向街道南侧树木接受的光照远比北侧少，南北向的街道两侧树木接受的光照水平基本相当。在建筑物附近生长的植物，由于接受的光照不均匀，容易形成偏冠和斜干现象。除非在密集建筑群下，一般来讲，城市现有光量还是能满足树木生长发育的，在选择时应注意树种的需光特性。在受光量差异太大的地方，要尽量选择耐阴力不同的树种栽植。

总体而言，由于"热岛效应"的影响，城市热辐射大，高温干燥，道路交通污染日趋严重，道路绿化带土壤板结、透水透气性差，加之树木会受到建筑物或城市公共设施的遮挡，因此，选择那些耐管理粗放、病虫害少、抗旱、耐水、耐高温或低温、耐盐碱等抗逆性强的树种成为必然之举。此外，城市环境条件具有高度的异质性，立地条件具有时空上的多变性，且无一定规律可循，即便是相邻的两棵树，也可能由于立地条件不同，存在长势差异（图3-3）。因此，我们在选择树种时要充分考虑栽植地的土壤、温度、湿度、光照、树穴尺寸等状况。

图3-2 城市中受限的立地条件

图3-3 相邻两棵树生长差异明显

3.1.2 符合生态功能和景观功能

树木带来的生态效益包括遮阴、降噪、减少雨水径流、控制水土流失、防风滞尘、为野生动物提供栖息环境等多个方面。有研究发现，不同树木的生态效益差异很大，如香樟单位叶面积的年滞尘量是银杏的 6 倍、雪松的 7.5 倍、龙柏（*Sabina chinensis* cv. *Kaizuca*）的 5 倍；柿树（*Diospyros kaki*）、刺槐、泡桐（*Paulownia fortunei*）等树种单位叶面积 CO_2 年同化量是银杏等的 2 倍以上。[1]有的树种可能是总体生态效益好，而有的树种是在某些方面表现突出，有的树种要在一定的群落结构中才能正常发挥生态功能。一般情况下，应选择综合生态效益好的树种，在某些有特殊防护要求的地方则要有针对性地选择树种。如选择防风树种，要考虑树种的深根性和枝条的柔软性，避免由于风力造成树木损坏。除此之外，还应考虑树木的季节性变化、生长与衰老、养护难易程度等对不同时间

图 3-4　无患子行道树

防风效果的影响。如选择遮阴树种，要考虑树冠的大小、叶片的季节性、疏密度、质地等。

少数树木在生长发育过程中难免会产生一些污染物，可能危及人的身体健康或给人们的生活带来不便。树木污染物主要有花粉、飞毛飞絮和特殊气味等。不宜选用易导致过敏的树种，更不能选择花果有毒有害的树种。有些浆果招惹鸟类，使树下的环境很脏乱；有些果实破碎后很臭或者难以清除，如雌性银杏的假果皮散发难闻的气味，不适合种植在道路和广场上。因此，树木选择要高度重视树木本身可能带来的污染，保证栽植的树木是环保的、少污染的。

在保证树种生态效益的基础上，还要形成丰富多彩的景观效果。树木种类繁多，随着一年四季气候的变化，其根、茎、枝、叶、花、果的色彩和形状表现丰富。选择体现城市特色的树种，如北京的槐树、长沙的香樟、海南的椰子（Cocos nucifera）等，可以形成具有鲜明特点的地方特色；选择树干通直、分枝点高的树木，则不妨碍车辆安全行驶；选择树形优美、树冠整齐、枝叶茂密、冠大荫浓的树种（图3-4），可在夏季遮挡阳光，改善小气候[2]；同时，应考虑常绿与落叶树种的合理比例，选择观花、观果、秋色丰富等观赏价值高的树种，可营造出良好的景观效果；选择萌生性强、耐修剪整形的树种，不但可以控制其高生长，避免影响空中电线电缆，还可以修剪成优美的造型。

3.1.3　树种多样性

单一树种的过度栽植会产生一定的养护管理难度，如悬铃木作为世界著名的优良行道树，因其冠大荫浓、适应性强、耐整形修剪，在我国从南至北均有栽植，以上海、杭州、南京、徐州等地栽植数量居多。但近年来，作为行道树最广为栽植的悬铃木，开始集中爆发白粉病、方翅网蝽和天牛等病虫害，需要花费很多精力进行养护管理（图3-5、图3-6）。树木选择应遵循生物多样性与遗传多样性的原则，在选择应用树木自然种类的同时，重视选择人工选育的优良种类和品种，以增加树木的种类，使一年四季常绿、花期交错、富有季相变化，防虫防老化，保持生态平衡。

图 3-5　悬铃木白粉病为害状

图 3-6　悬铃木方翅网蝽为害状

（1）速生与慢生相结合

树木选择还要遵循近期与远期相结合的原则，这样才能达到树种生长和利用的循环发展。应考虑速生与慢生树种相结合，重视长寿树种的合理比例。速生树种早期绿化效果好，容易成荫，但有的寿命较短，需要及时补充和更新。慢生树种见效慢，但寿命长。因此，为了早日发挥树木的绿化效果，在树种选择时，要满足当前，照顾长远。

（2）乡土树种与外来树种相结合

乡土树种经过长期的自然选择，对本地区的自然环境条件适应能力较强，特别是对灾害性气候因子的抵抗力较强，栽后易于成活。使用乡土树种既节省经费又易于见效，并且能够体现地方文化特色。但过多使用乡土树种会造成植物景观的单调重复和树种单一。因此，在以乡土树种为主的基础上也要适当引进一些外来新优树种，以增加城市的树木种类，丰富景观效果。

3.2 筛选方法

科学地选择绿化树种并发挥其最大效益，对城市的可持续发展具有重要意义。在行道树和广场绿化中，应采用什么方法来选择树种？应从立地条件、树种生物学特性、生态学特性、观赏性和安全性等方面进行全面分析和研究，从而选择合适的树种。

3.2.1 适应性筛选

生长适应性选择是植物筛选的第一步，露地法作为最早、最有效的鉴定方法，目前已成为筛选植物应用最基本、最广泛的一种方法。立足区域的生态条件，查阅大量文献资料，并结合多年的实际栽培经验，选用在本地已经长期应用的树木种类。同时结合实地对生态适应性、物候、生长发育等方面的观测，进一步选择影响树木在本地气候环境条件下正常生长的关键限制因子，进行实验室抗性指标的测定，判断树木间抗性的大小，为快速筛选抗性强的树木提供依据。根据上述方法和要求，确定耐旱性、耐高温性、耐寒性、耐水湿性、耐盐碱性、耐瘠薄性和抗病虫害能力可作为树木选择的筛选标准。

以耐热性树木筛选为例：上海夏季炎热，极端温度可达 40℃，2007 年更是创下上海 73 年来的最高温。近年来城市温室效应加剧，热岛效应明显，夏季高温成为一些植物在上海正常生长的一个重要限制因子。高温使树木生理活动加快，从而引起蒸腾作用的加速，使根部吸收水分供应不上，而造成失水，导致树干皮层组织或器官的局部组织坏死，枝干干裂，叶片出现死斑，叶色变褐或变黄。参考相关文献，如杜鹃花（*Rhododendron simsii*）耐热品种的筛选及耐热生理机制的研究 [3]、梅花（*Armeniaca mume*）杂交育种与后代耐热性评价研究 [4] 等，制定了树木耐热性评价标准（表 3-1）。

单株树木耐热性形态评价指标　　　　　　　　　　　　　　　　　表 3-1

级别	评价	形态特征
1级	耐热性最强	植株完全不受害，生长发育良好
2级	耐热性强	植株10%叶片焦黄、卷缩或脱落
3级	耐热性一般	植株50%叶片焦黄、卷缩或脱落，少数新梢受害干枯
4级	耐热性较差	植株90%叶片焦黄、卷缩或脱落，但能重新萌发，50%新梢干枯
5级	不耐热	植株地上部分枝叶枯死，但能从根茎处重新萌发生长

按表 3–1 中的形态特征，统计各级别植株数量，计算耐热性平均指数。其公式为 $I =（1A+2B+3C+4D+5E）/M$，公式中的 I 代表耐热性平均指数，1、2、3、4、5 代表不同受害等级，A、B、C、D、E 分别代表不同受害等级的株数，M 为调查总株数。耐热性平均指数 1.00 ~ 1.50 为 1 级，1.51 ~ 2.50 为 2 级，2.51 ~ 3.50 为 3 级，3.51 ~ 4.50 为 4 级，4.51 ~ 5.00 为 5 级。

生长适应性筛选也存在一定的弊端，如筛选周期长、控制实验难度大、成本高等，在一定程度上制约了筛选效率。近年来，一些学者利用植物在逆境条件下生理生化指标的变化，来预先衡量植物的抗性，这些指标涉及影响植物生长的各个方面，包括光合作用、呼吸作用、蒸腾作用、细胞膜稳定性、电导率、渗透调节及抗氧化系统、蛋白质降解速率、内源激素等多个生理生化指标。[5-6] 如叶片电导率是植物细胞膜稳定性的重要指标，反映了植物在逆境条件下细胞膜的伤害程度[7-8]，已经成为生产上判定细胞膜稳定性的常用的快速监测手段。随着技术的发展，抗性生理研究不再停留在植物某一生理指标的数量变化上，而是在分子生物学和遗传学的水平上解释其变化机制。[9] 目前，许多相关研究已获得与抗性有关的基因，为植物抗逆性的生物工程提供了可靠的理论依据和实验基础。

在城市特殊的地理气候条件下，若将树木常规的筛选方法和树木在不同逆境下的生理生化指标测定方法相结合，对备选树木进行早期的评判和鉴定，则可在一定程度上缩短筛选时间，提高筛选效率，增强筛选的目标性。

图 3-7　观花乔木

3.2.2　观赏性筛选

树木的观赏价值，是指人通过感官对树木个体和群体的观赏获得精神愉悦的满足程度。观赏性是一个比较主观的评价内容，一方面需要通过生长物候期的实际观察记录，掌握大量的第一手资料；另一方面，要调查和汇总公众的需求和喜好，才能建立更具说服力的评分标准。在评价不同树木时，不能一概而论，可通过枝干、树形、花、果、叶五个方面，建立符合实际筛选目的和需求的评价指标体系。通过特尔菲法，采取匿名发函调查、反馈、统计等方式确定指标权重，得到的权重值可较为客观地反映各指标的重要程度。例如，在选择观花树木的时候，可以针对花的部分进行评价指标的细化和加权。因此，玉兰（*Magnolia denudata*）、合欢（*Albizia julibrissin*）、晚樱等观花效果佳（图 3–7），而香樟、榉树等观花效果欠佳。在

图 3-8　行道树观叶树种

选择观叶树木时，叶色淡绿、黄绿、红色或有季相变化者佳，叶形特有或罕见者佳，叶期长者佳（图3-8）。

3.2.3 功能性筛选

根据树木遮阴、降温增湿、固碳释氧、滞尘降噪、杀菌、吸收有害气体等生态功能的大小，筛选具有高功效的树木，增强树木的生态效益。树木生态功能的测定指标详见表3-2。

树木几种生态功能的测定指标 表 3-2

生态功能	测量指标
遮阴	光照强度、气温、生长特征指标（如冠幅、树高、枝下高）
降温增湿	当量蒸腾速率、降温能力、增湿能力
固碳释氧	单位面积的当量光合速率、固碳能力和释氧能力
冠层雨水截留	叶片单位面积储水能力、叶面积指数
滞尘	单位叶面积滞尘量、单株植物滞尘量
降噪	公路交通噪声、环境敏感点生活环境噪声
杀菌	对不同病菌的杀灭能力
吸收有害气体	二氧化硫、氯气、氟化氢、臭氧、粉尘、氯化氢、苯、硫化氢、二硫化碳、二氧化氮和甲醛等
释放有机挥发物	挥发物的成分、含量、功能
净化水体	$CODcr$、TP-P、TN-N、D.O.、浊度等

3.2.4 安全性筛选

在城市大量的树木中，总有一些不健康的树木出现折断、倒伏、树枝垂落等现象而危及人群、空中线路、地下管道和建筑设施等。树木的不安全性因素主要包括树干、树枝和根系三部分的结构异常。树干不安全问题主要为树干劈裂、折断，过度弯曲、倾斜，树冠偏斜，木质部发生腐朽、空洞（图3-9）等[10]；树枝部分可能出现的主要问题为大枝的枝叶分布不均匀，分枝角度过大，大枝呈水平延伸，前段枝叶过多下垂，侧枝基部与树干或主枝连接脆弱；根系可能出现的主要原因为一些根系较浅，裸露地表而使树木平衡性减弱，侧根环绕主根影响及抑制其他根系生长，导致根系固着力差（图3-10）。树木的不安全性与树木本身及环境因素密切相关，取决于树种、树龄、树势、生长位置、立地条件等。

早在20世纪60年代，国外学者在收集成千上万树木数据的基础上，建立了以树种、树木大小和树木衰败迹象为基础的树木潜在伤害数据系统，用于树木健

图 3-9　树木腐烂空洞　　　图 3-10　新栽树木根系未恢复造成倒伏

康的预测。Gary 等建立了包括树木生长环境、树木结构、树势和目标评价四大类共 11 个指标的评价体系[11]，并根据存在问题的轻重分成 1 ~ 5 个等级，证明树势、树干状况和倾斜状况 3 个指标能够正确地预测树木衰败。一些树木其树种本身的结构特点就成为影响树木安全性的主要因素，可将树种的根深抗风性、折枝程度、果毛与飞絮的多寡分为不同的等级，作为树木安全性筛选的主要依据。如台风天气下，泡桐、雪松等浅根性的树种比深根性树种香樟更容易倒伏。下雪天时，与落叶树相比，香樟等常绿树的枝干更容易被雪压断（图 3-11）。

图 3-11　降雪造成树枝断裂

3.2.5　综合性评价

　　以往对树木的选择多是注重树木抗旱、抗寒、抗病虫、观赏性等某一方面或几个方面的特性，忽略其他方面的特性，结果对树木的整体效益把握不够。只有采用综合评价的方法，才能更好地发挥树木最大效益。

层次分析法（Analytic Hierarchy Process，AHP），是美国匹兹堡大学运筹学家托马斯·萨迪（Thomas Saaty）于20世纪70年代初提出的一种系统分析方法，20世纪80年代以来在我国经济管理、能源系统分析、城市规划、科研成果评价等方面得到了应用。[12] 近几年在生态、农业、林业、种质资源开发利用等领域也开始运用。[13-14] 它是一种定性与定量相结合，将人的主观判断用数量形式表达和处理的方法，因而在客观上大大提高了评价结果的有效性、可靠性和可行性。此方法的不足之处是在应用中仍然摆脱不了评价过程中的随机性和评价专家主观上的不确定性及认识上的模糊性。

树木综合评价体系采用层次分析法，从生长适应性、观赏性、功能性、安全性四个方面进行调查，结合部分城市树木生长适应性调查和多年的植物筛选经验，全面系统地对行道树与广场树木进行筛选和评价（图3-12）。

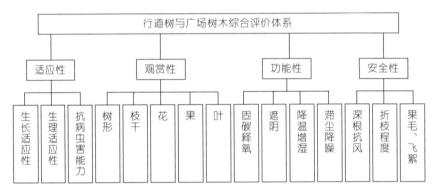

图 3-12　行道树与广场树木综合评价体系

（1）AHP评价系统的机理构成

首先，根据总目标的性质把问题层次化，建立起系统的递阶层次结构模型。其次，通过同一层次的各因素与上一层次的对应因素的重要性进行两两比较，构造两两判断矩阵，由判断矩阵计算出下一层各因素对上一层各因素的相对权重，然后依次由下而上计算最低层因素对最高层因素的相对权重，并进行一致性检验。最后，根据各种树木及其品种具体指标的评分及各因素的权重值，计算各个品种的综合评价值。

（2）层次结构的分析和建立

根据评价对象的特点，建立递阶层次结构评价模型，把行道树与广场树木综合评价指标体系分为4层，即目标层、准则层、指标层和最低层。第一层为目标层，即对行道树与广场树木进行综合评价；第二层为准则层，即综合评价树木的4个方面；第三层为指标层，即对树木综合评价的具体15项指标；最低层为待评价的树木种类。

应用层次分析法不仅能使较多的因素进行分层分析，而且通过两两因素的逐对比较，较容易得出权重并检验判断的一致性。另外，判断矩阵的信息来源是在争取专家及大多数人的意见后构成的，故更具说服力。应用这一方法对行道树与广场树木进行综合评价，较易保持全面性、准确性和一致性。但在实践过程中，树木的选择更多取决于当地地理气候条件和决策者的喜好。该综合性的筛选模式为行道树与广场树木提供了一套可供参考的技术，运用这一方法形成了《华东地区常见树种名录》（附录1）。

3.3 案例：树木筛选方法应用

上海地处长江三角洲冲积平原的边缘，属北亚热带季风性气候，气候温和湿润，雨热同期，日照充分，雨量充沛，年70%左右的雨量集中在5～9月，汛期在6～9月，为台风多发季节。上海为长江泥沙冲击形成，地下水位较高。沿海地区土壤pH值较高，土壤结构以砂土为主，排水性好，保水性差，有机质含量较高（松江、青浦、嘉定）；市中心区域绿地土壤受建设初期客土质量以及后期环境影响，普遍表现为表层逐渐砂化，pH值不断升高。结合上海树木生长适应性调查和多年的树木筛选经验，对上海市行道树新优树种进行综合评价与筛选。

（1）筛选指标确定与指标评分方法

采用层次分析法来确定模型的筛选指标。将筛选指标划分为目标层、准则层、指标层3个层次，形成上海市行道树新优树种筛选层次结构（表3-3）。

上海市行道树新优树种筛选综合评价指标体系 表3-3

目标层	准则层	权重	因子层	权重
上海市行道树新优树种综合评价	适生性A	0.3	耐贫瘠性A1	0.0699
			抗病虫害性A2	0.1033
			耐移栽性A3	0.0861
			抗旱性A4	0.0558
			抗风性A5	0.0918
			耐水性A6	0.0940
			成活率A7	0.2380
			保存率A8	0.2611
	景观性B	0.3	长势B1	0.1074
			生长量B2	0.0534
			树形B3	0.2442
			叶形B4	0.0941
			叶色B5	0.3885
			周边环境B6	0.1124

目标层	准则层	权重	因子层	权重
上海市行道树新优树种综合评价	生态性C	0.2	固碳释氧C1	0.1902
			遮阴C2	0.3353
			降温增湿C3	0.1936
			滞尘降噪C4	0.2809
	安全性D	0.2	深根抗风D1	0.3121
			折枝程度D2	0.2639
			果毛、飞絮D3	0.2178
			投诉频度D4	0.2062

上海市行道树新优树种筛选主要考虑适生性、景观性、生态性和安全性4个指标。适生性是行道树选择的基础，一个树种在一个地区作为行道树出现，必须符合该地区的地理气候，也就是适地适树，而景观性是行道树更高层次的要求，故两者权重设置最大。准则层中的生态性和安全性指标是选择行道树的必要条件，但相较于适生性和景观性，两者重要度稍低，故两个指标的权重设置较小。

（2）指标的评分方法及标准

该模型以筛选适合作为上海地区行道树新优树种为最终目标，适生性、景观性、生态性、维护性为准则层，耐贫瘠性、抗病虫害性、耐移栽性、抗旱性等22个评价指标为因子层，选择优良树种目标的实现需要具体落实到各参试树种，这是实现总目标的具体措施。研究采用定性和定量相结合的方法，建立多项指标，各项指标满分5分，指标评分标准如表3-4所示。

评价指标的评分标准分级　　　　　　表3-4

指标		评分标准分级				
		1	2	3	4	5
适生性	耐贫瘠性	很弱	弱	一般	较强	强
	抗病虫害性	很弱	弱	一般	较强	强
	耐移栽性	很弱	弱	一般	较强	强
	抗旱性	很弱	弱	一般	较强	强
	抗风性	很弱	弱	一般	较强	强
	耐水性	很弱	弱	一般	较强	强
	成活率	很低	低	一般	较高	高
	保存率	很低	低	一般	较高	高

指标			评分标准分级				
			1	2	3	4	5
景观性		长势	很差	差	一般	较好	好
		生长量	很低	低	一般	较高	高
		树形	很差	差	一般	较好	好
		叶形	很差	差	一般	较好	好
		叶色	很差	差	一般	较好	好
		周边环境	很差	差	一般	较好	好
生态性		固碳释氧	很低	低	一般	较高	高
		遮阴	很低	低	一般	较高	高
		降温增湿	很低	低	一般	较高	高
		滞尘降噪	很低	低	一般	较高	高
安全性		深根抗风	很弱	弱	一般	较强	强
		折枝程度	强	较强	一般	弱	很弱
		果毛、飞絮	多	较多	一般	少	很少
		投诉频度	高	较高	一般	低	较低

（3）指标的权重确定

准则层指标权重的计算采用专家打分法。因子层的各项指标权重是在专家结合现有资料判定每个因子相对于准则层指标的重要性的基础上，运用 AHP 法计算。

（4）评价结果分析

通过对园林应用后评价指标的定量计算，将最终的评价结果分为以下三类（表 3-5）。

1）Ⅰ类——综合应用价值最高品种（综合分值 ≥ 4.50）：能够较好地适应本市的气候、土壤和环境条件，较耐贫瘠，成活率高，夏日能形成浓密的树荫，树形和叶色能形成良好的景观效果，固碳释氧、降温增湿、滞尘降噪等生态功能较强，养护成本较低，生长良好，可在园林绿化中广泛应用。这类树种有 4 个，分别是栾树（图 3-13）、珊瑚朴、朴树和七叶树（图 3-14）。

2）Ⅱ类——综合应用价值较高品种（4.50 ＞综合分值 ≥ 4.00）：有椴树、悬铃木、银杏等 14 个树种，这类树种可以适应本市的气候、土壤和环境条件，但对栽植条件有一定的要求，生长和色彩表现正常，园林观赏价值高，但部分树种遮阴能力较弱，固碳释氧、降温增湿、滞尘降噪等生态功能一般，且养护成本较高。

排序	树种	得分	排序	树种	得分
1	黄山栾树（*Koelreuteriabipinnata* var. *integrifoliola*）	4.63	15	薄壳山核桃（*Carya illinoensis*）	4.17
2	珊瑚朴（*C. julianae*）	4.57	16	榉树（*Z. serrata*）	4.15
3	朴树（*Celtis sinensis*）	4.52	17	马褂木（*Liriodendron chinense*）	4.12
4	七叶树（*Aesculuschinensis*）	4.50	18	常青白蜡（*Fraxinus griffithii*）	4.08
5	椴树（*T.tuan*）	4.45	19	泡桐（*P. fortunei*）	3.92
6	悬铃木（*P. acerifolia*）	4.43	20	梓树（*Catalpa ovata*）	3.88
7	银杏（*G. biloba*）	4.41	21	刺槐（*R. pseudoacacia*）	3.72
8	国槐（*S. japonica*）	4.37	22	楸树（*Catalpa bungei*）	3.59
9	大叶樟（*Neolitsea chuii*）	4.35	23	女贞（*Ligustrumlucidum*）	3.43
10	香樟（*C. camphora*）	4.32	24	枫杨（*P. stenoptera*）	3.34
11	枫香（*L. formosana*）	4.27	25	青桐（*F. platanifolia*）	3.27
12	乌桕（*S. sebiferum*）	4.24	26	重阳木（*Bischofia polycarpa*）	3.16
13	无患子（*S. mukorossi*）	4.21	27	杨树	3.11
14	臭椿（*Ailanthus altissima*）	4.17	28	喜树（*Camptotheca acuminata*）	3

图 3-13 栾树

图 3-14 七叶树

3）Ⅲ类——综合应用价值一般品种（综合分值 <4.00）：有枫杨、杨树、喜树等 10 个树种，这类树种有一定的观赏价值和生态功能，但对本市的气候、土壤和环境条件适应性较差，如泡桐喜排水良好、湿润、肥沃的土壤，而本市土壤密实、透气性差、偏碱性、营养含量低，易生长不良，且养护成本高，故不适宜在本地推广应用。

参考文献

[1] 严过房. 论园林树木的选择与城市生态 [J]. 建材与装饰，2008，（6）：79-80.

[2] 丁素春. 城市行道树树种选择的探讨 [J]. 现代农业科技，2007，24：48.

[3] 申惠翡. 杜鹃花耐热品种的筛选及耐热生理机制的研究 [D]. 杨陵：西北农林科技大学，2017.

[4] 吕晓倩. 梅花杂交育种与后代耐热性评价研究 [D]. 北京：北京林业大学，2014.

[5] Lyones J. Chilling injury in plants[J]. Annual Review of Plant Physiology，1973，24：445-466.

[6] 刘一明，程凤枝，王齐，等. 四种暖季型草坪植物的盐胁迫反应及其耐盐阈值 [J]. 草业学报，2009，18（3）：192-199.

[7] Stewart C R. Accumulation of Amino acid and relation compounds in relation to environmental stress. The biochemistry of plant[M]. New York：Acad Press，1980.

[8] 徐佩贤，费凌，陈旭兵，等. 四种冷季型草坪植物对镉的耐受性与积累特性的研究 [J]. 草业学报，2014，23（6）：176-188.

[9] Blokhina O，Virolainen E，Fagerstedt K V. Antioxidants，oxidative damage and oxygen deprivation stress：a review[J]. Annals of Botany，2003，91：179-194.

[10] 赵秀萍. 论树干形状缺陷的种类及正确检量 [J]. 现代商贸工业，2011，23（20）：258.

[11] Gary W H，Janet C，Perry E. Oak tree hazard evaluation[J]. Journal of Arboriculture，1989，15（8）：177-184.

[12] 易治伍. 乌鲁木齐市园林植物适应性评价 [D]. 乌鲁木齐：新疆农业大学，2008.

[13] 姚泽，王辉，王祺. 层次分析法在城市园林绿化树种选择中的运用 [J]. 甘肃林业科技，2007，32（3）：16-20.

[14] 刘杰，杨恒友，孙双君. 层次分析法在城镇行道树选择评价中的应用 [J]. 安徽农业科学，2010，38（6）：3257-3258.

04

第4章

土壤改良及生境重建

《淮南子·说林训》中说："土壤布在田，能者以为富。"亘古以来，土壤就是人类赖以生存和发展的物质基础。土壤具有供应和协调植物生长发育所需水分、养分、部分空气和热量的能力，这种能力被称为土壤肥力。土壤是陆地植物生长的基地，是人类从事生产的物质基础。与农业相同，对于绿化行业来说，土壤也是一切工作的基础，脱离了健康的土壤环境去搞绿化建设就好比是《百喻经·三重楼喻》中那空中的楼阁。城市的绿化系统被比喻为"城市之肺"，那土壤就是支撑这个"肺"正常工作的营养与血脉。与农业不同，绿化建设的土壤有自己的特点，或者说城市土壤在人为干预下变得更为糟糕。

4.1　城市土壤

城市土壤是指经过人为活动长期干扰或"组装"，在城市特殊的环境背景下发育形成的土壤[1]，与自然和农业土壤相比，既保留了自然土壤的一些特性，又有其特有的成土环境和过程，表现出特殊的理化性质、养分循环过程以及土壤生物学特征。快速的城市化进程使得大量农业和林业土壤被城市扩张所占用，城市土壤受人为活动长期扰动，城市土壤的成土环境、理化性质、剖面形态、土壤生物学特性以及养分循环过程等性质与农业和森林土壤有显著差异，从而形成城市土壤特有的属性。

雨水通过自然下渗，在其到达河流与湖泊之前向健康的土壤提供有机质。同时，粒径较大的杂质留在土壤中，使干净水进入河流和湖泊。然而，城市中有很大比例的不透水表面，如道路、广场等。这些空间的雨水不能通过自然途径渗透进入土壤，使得雨水将大量的肥料和其他污染物带入下水道或直接进入河流和湖泊。土壤生物是城市生态系统健康的关键组成部分，但城市土壤的生物和生态学特征正加速改变，自然土壤急剧减少，呈现多层混合的特性，变得越来越硬化、僵化、失去活性（图4-1）。

图4-1　行道树土壤板结严重

4.1.1　城市土壤存在的问题

由于城市化进程的加快，大量自然土壤被城市建设占用，城市土壤长期受人为活动扰动，其理化性质、生物学特性以及养分循环过程等与农业和森林土壤都有了显著的差异。在城市绿化建设中，城市绿地土壤来源复杂，土体层次混乱，表土经常被移走或被底层土掩埋，土层中经常掺入底层的僵化土壤、生土以及大量的砾石和建筑垃圾等（图4-2～图4-4）。此外，为满足城市快速绿化的需求，大量工程机械被用于城市绿化施工中，城市绿地土壤普遍存在压实现象。被压实的土壤一般孔隙度小、通气性差，团粒结构被破坏，变成了理化性能差的块状或片状结构。压实改变了土壤固、液、气三相组成和孔隙分布状态，以及土壤的水、肥、气、热状况。[2] 城市绿地土壤性质的优劣直接影响着绿地植物的生长，从而影响城市土壤质量及其生态景观功能。

图 4-2　绿地内板结僵化的土壤

图 4-3　行道树种植土壤中混有大量建筑垃圾

图 4-4　绿地土壤中混有大量建筑垃圾

　　园林土壤作为一种城市土壤，受污染的可能性和程度均远大于一般的农田土壤。其主要污染来源有工业"三废"物质、生活垃圾、降雨、降尘、建筑垃圾等。土壤一旦被污染，短时间内很难修复，并且会对土壤的理化性质、土壤生物、植被生长和人体健康带来严重的危害，影响城市绿化的可持续发展。20世纪末，园林工作者在绿化建设中主要考虑土壤的营养是否充足，对土壤污染情况的重视程度不够。近年来，由于城市建设和绿化行业的高速发展，土壤资源不足的问题逐渐显现。生活垃圾和污泥堆肥作为肥源进入园林土壤，虽然这些物质经堆肥处理降低了毒性和污染程度，但使用不当同样会造成二次污染，这方面目前还缺少监测方法、生态风险评价方法和监管手段。此外，由于人为践踏、车辆压轧等人为活动，严重破坏了土壤的结构。上海部分区域的绿化土壤容重高达 1.6 ～ 1.9g/cm³，生长在其中的植物根系发育基本受阻甚至死亡（图4-5）。[3]

图 4-5　人行道下紧实的土壤使树根无法向下生长

4.1.2　上海行道树土壤调查

2017 年对上海 16 个市辖区内行道树土壤情况进行了采样调查。采样区域分布于内环、中环、外环、北部（宝山、嘉定）、西部（青浦、松江）、南部（金山、奉贤）、东部（原浦东）、临港新城和崇明 9 个区域。每个区域选择具有代表性的道路进行采样，每条道路均匀抽选 3 个点，共采集混合土壤样品 136 个。调查的指标包括物理指标（容重、含水率、孔隙度）和化学指标（pH 值、EC 值、有机质）两大部分。

从结果上来看，上海市行道树土壤石砾（粒径 > 2mm）所占比重较大，平均为 13.2%，土壤中广泛掺杂着一定量的石砾、石块、玻璃、煤渣、混凝土块等建筑垃圾，使土壤质地变粗（表 4-1）。

上海行道树土壤颗粒组成　　　　　　　　　　　表 4-1

区域名称	黏粒（%）	粉粒（%）	砂粒（%）	石砾含量（%）	土壤质地
内环区域	3.3cd	86.1ab	10.4b	17.0a	粉质壤土
中环区域	3.7bc	88.1a	8.2b	15.8ab	粉质壤土
外环区域	3.4cd	84.8ab	11.8ab	13.4abcd	粉质壤土
北部区域	3.4c	84.6ab	12.0ab	12.0cd	粉质壤土
西部区域	3.8bc	84.1ab	12.1ab	12.2bcd	粉质壤土
南部区域	3.8bc	85.8ab	10.3b	12.8bcd	粉质壤土
东部区域	4.1ab	87.7a	8.2b	14.5abc	粉质壤土
临港新城	4.7a	86.0ab	9.3b	11.1cd	粉质壤土
崇明区域	2.7d	81.9b	15.5a	9.8d	粉质壤土
上海市平均	3.7 ± 1.1	85.5 ± 6.2	10.8 ± 6.9	13.2 ± 5.4	粉质壤土

注：同列不同小写字母表示处理间差异显著（P<0.05）。

上海市行道树土壤容重平均为 1.38g·cm⁻³，高于自然土壤的平均容重 1.3g·cm⁻³。上海市行道树土壤总孔隙度和通气孔隙度平均为 47.9% 和 24.5%，均高于此前刘为华等人研究的上海市绿地土壤总孔隙度（42.20%）和通气孔隙度（7.38%）值（表 4-2）。[4]

上海市行道树土壤各个区域 pH 均值为 8.43，呈碱性。上海市行道树土壤除外环区域、东部区域和崇明区域土壤轻微盐渍化外，其余各研究区土壤电导率均小于 200μS·cm⁻¹，对行道树生长无影响（表 4-3）。

上海行道树土壤物理性质 表4-2

区域名称	容重（g·cm⁻³）	含水率（%）	总孔隙度（%）	通气孔隙（%）
内环区域	1.41ab	16.3bcd	46.8abc	24.1bcd
中环区域	1.42a	18.3ab	46.5c	20.4cd
外环区域	1.40ab	16.3bcd	47.3abc	24.9bc
北部区域	1.31b	17.3bc	50.8a	28.3ab
西部区域	1.41ab	20.3a	46.8bc	18.4d
南部区域	1.43a	15.7cd	45.8c	23.0bcd
东部区域	1.31b	14.7d	50.5ab	31.1a
临港新城	1.41ab	17.0bcd	46.9abc	23.0bcd
崇明区域	1.34ab	16.9bcd	49.5abc	26.9ab
上海市平均	1.38±0.15	17.0±3.6	47.9±5.7	24.5±9.4

上海行道树土壤化学性质 表4-3

区域名称	pH	电导率（μS·cm⁻¹）	有机质（g·kg⁻³）
内环区域	8.38bc	198b	17.9a
中环区域	8.44abc	196b	15.4ab
外环区域	8.45abc	203b	13.9b
北部区域	8.58a	156b	14.6ab
西部区域	8.43abc	179b	17.6a
南部区域	8.40abc	167b	16.2ab
东部区域	8.31c	217b	17.4a
临港新城	8.53ab	188b	13.4b
崇明区域	8.39bc	291a	16.8ab
上海市平均	8.43±0.27	199±103	15.9±5.0

行道树种植土壤的有机质普遍不高，土壤有机质含量变化于13.4～17.9g·kg⁻³，均值为15.9g·kg⁻³，按全国第二次土壤普查养分分级标准，属于4级水平，缺乏。主要原因在于城市土壤多为回填土，来源广泛，土壤扰动较大，再加上行道树土壤硬覆盖，能够回归到土壤的枯枝落叶较少，有机质得不到补充。

4.2 土壤改良的方法

　　土壤是园林绿化的根本，其质量直接关系到植物长势和绿地的生态景观效果，也直接决定城市绿化的质量水平。在城市拥挤的环境中，树木的生存受到越来越严重的威胁。研究表明，在大多数城市中心的人行道周围，树木的平均寿命仅为 7 年左右，而在绿地草坪中或狭长绿化带中的树木，其寿命可高达 32 年。[5] 在更为有利的环境下，同样物种的生存时间可能会长达 60 ~ 200 年。上海地区的古树名木当中，甚至有 9 棵银杏的年龄已经超过了 1000 岁。为什么会这样呢？因为这些古银杏多数生长在郊区土壤质地良好的地方，附近的开发建设程度也比较低，因而生存的年限较长。而城市中心的树木受到很多的环境侵害和人为影响，如糟糕的土壤环境、频繁的人为扰动和严重的空气污染以及繁杂的地下管线设施等。因此，城市树木面临的最严重问题是根系没有健康的土壤环境。

4.2.1 树木根系生长受限的核心因素

　　（1）土壤温度的影响

　　不同树种开始发根时所需要的土壤温度是不一致的。来自温带的落叶树木所需土壤温度较低；而热带、亚热带树种所需温度较高。根的生长都有适合生长的上限与下限温度。温度过高或过低对根系生长都不利，甚至造成伤害。

　　（2）土壤湿度的影响

　　土壤湿度与根系生长也有密切关系。土壤含水量达最大持水量的 60% ~ 80% 时，最适宜根系生长；过干易促使根木栓化和发生自疏；过湿又会抑制根的呼吸作用，造成烂根或死亡。

　　（3）土壤透气性的影响

　　土壤透气性也对根系生长有较大的影响。通气良好的土壤，树木根系密度大、分枝多、须根量大。不透气的土壤内，树木发根少，生长慢或停止，易引起树木生长不良和早衰。城市土壤由于人为因素的扰动，透气性普遍较差，间接影响土壤的湿度和温度，是城市树木根系生长受限的核心因素。

　　（4）生长空间的影响

　　树木根系的生长需要充足的空间，以满足主根和侧根的生长，平衡树木的根冠比，提高树木的稳定性。对于行道树来说，由于城市道路、建筑物和市政管线对地下空间的侵占，造成地下种植空间狭小，影响树木正常生长，是根系生长受限的另一个核心因素（图 4-6）。

图 4-6　因空间不足而根冠比失衡死亡的行道树

（5）城市树木对土壤的需求

植物的生命力其实非常强大，需要的条件并非苛刻。健康、足量的土壤是植物正常生长的保障。在城市绿化中，足量的土壤是可以保证的，那么样的土壤才算是健康的呢？健康的土壤有稳定的状态，如图4-7所示，土壤中固体占50%，空气和水分各占25%。固体中矿物部分占45%，余下5%的有机质中，各种活动的生物有机质占10%，根系有机质占10%，已经转化为稳定的高分子有机质占80%左右。在这些组分中，有机质是土壤活力的核心。

有机质本身就是养分的储藏库，同时深刻影响着土壤的物理、化学和生物学性质。同时，土壤有机质是衡量土壤保肥能力的阳离子交换量（CEC）的主要贡献者，高达50%～100%。此外，土壤有机质深刻影响水分的存储。6亩大、2.5cm厚、含2%有机质的土壤储水量可达12.1万L，含5%和8%有机质的土壤分别可储水30.3万L和48.5万L。研究表明，土壤有机质从1%升到3%，土壤的保水能力可增加6倍。在丰富的有机质下，土壤可以形成大量稳定的有机无机复合体，具有良好的土壤结构，不仅抗侵蚀，也为根系提供理想的水分和空气条件。

健康的土壤拥有良好的理化性质。植物在土壤中的健康生长需要良好的透气性、排水性和稳定的温度。除此之外，还需要充足的养分、合理的pH酸碱度、CEC值和丰富的土壤微生物群落。这些都是健康土壤的"硬性标准"，也是植物生长所必需的条件（图4-8）。每一项都代表着土壤一个方面的健康程度，这部分内容在后面的章节中会详细介绍。

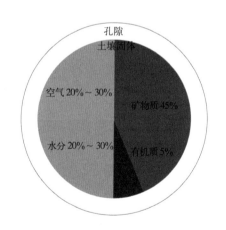

图4-7　理想土壤成分体积分数图

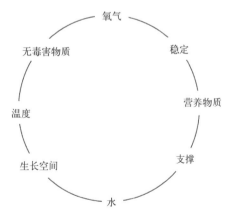

图4-8　植物生长所必需的土壤条件

4.2.2　土壤改良的主要措施

前文介绍了城市土壤普遍具有透气性差、养分含量低、分层混乱、污染程度高等特点，这些特点造成植物生长状态差，绿地景观和生态效益不能充分发挥，尤其是一些观赏价值高的植物品种，花量减少、花色暗淡。出于城市生态保护与修复以及绿化建设质量等目的，急需通过技术手段来改良种植土壤、提高土壤肥力，从而改善植物的生长状态。

（1）物理改良

通过物理手段对紧实的城市土壤进行改良，可以使其体积密度控制在根系生长的阈值之下，并且提升其孔隙度，改善排水性与透气性。研究表明，如果要对体积密度与孔隙度进行改良，需要大量的无机改良剂，如砂土、石块等。[6]改良剂的尺寸应该均匀，最好为直径较大或适中的砂土。最佳的改良剂是尺寸近乎一致的颗粒。如果均匀的颗粒在土壤中有足够的数量，它们就会开始彼此接触形成大的气孔。配方土就是基于这一理论研发而成，可以很好地改良城市土壤，特别是硬质铺装下土壤容重大、结构差、封闭僵化、养分有效性低、盐分高、代谢慢等突出问题。增加土壤的透气性和交换能力，可有效提升树木根系的生长空间和活力。

（2）生物改良

1）有机基质

土壤施用有机肥后，其分解的有机物通常能通过增加土壤有机碳、土壤可利用氮、磷和微量营养素的含量，增加土壤容水量、阳离子交换量和土壤团聚体，提高土壤肥力。[7, 8]土壤有机质不仅是植物生长所需各种养分、多种微量元素主要的天然来源，还能够通过影响土壤的物理、化学和生物性质来改善土壤保水和保肥能力。在改善保水性能方面，土壤有机质在土壤团聚体的形成和稳定方面起着重要作用，对于改善砂性土壤和黏土的不良结构性质也很重要。土壤有机质有巨大的比表面积和亲水基团，能改善土壤的有效持水量，使更多的水分为植物所利用。同时，有机肥还可以作为酸性土壤的中和剂使用，既提高土壤的肥力，又可以降低土壤的酸性（图4-9、图4-10）。

图4-9 有机质肥料加工（美国）

图4-10 各种添加有机质的介质（美国）

2）绿化废弃物

绿化植物废弃物主要是指修剪所产生的植物枝叶、移除的植物体等，主要成分就是木质纤维素。国内外对绿化植物废弃物的循环利用已相当普遍，广泛用于改良土壤、覆盖、盆栽等方面。2000 年左右，上海已开始探索绿化植物废弃物的处置和利用技术。绿化植物废弃物堆肥也可用于生产有机肥料、生物炭和土壤调节剂。绿化废弃物堆肥在给植物提供营养的同时，也可以通过增加水分渗透和持水力，提高土壤持水能力，降低强碱性深层土壤 pH 值，增加土壤有机质、氮、磷等养分含量，土壤微生物也有明显增加（图 4-11）。[9]

图 4-11　静安区对绿化废弃物的利用

绿化废弃物如果加工成有机覆盖物对绿地进行覆盖，可比裸地增加土壤含水量 35% 至 2 倍以上。[10] 上海辰山植物园、上海世博公园和上海迪士尼度假区等区域的绿化施工中都广泛应用了有机覆盖物。有机覆盖物的施工过程相对简单，覆盖前需要平整地形、清除杂草、做好排水措施。将覆盖物均匀地撒在整个坪床上。对于树木来说，覆盖物要离树干 5 ~ 8cm，以防止覆盖物过湿影响树干，以及防止冬季啮齿类动物的啃食。要保持与建筑物墙有 15 ~ 30cm 的距离。新栽植的树木需要直径 8 ~ 10cm 的覆盖，保持至少 3 年。对于已经栽植在草坪中的树木，每 3cm 直径树干的树，需要大约 6cm 直径的覆盖，随着树木的生长，逐步扩大覆盖范围。覆盖范围最好比树冠大 15 ~ 30cm。因为根系能够扩展到树冠的 2 ~ 3 倍范围，所以覆盖得尽可能大一些（图 4-12）。

图 4-12 丹桂园绿地有机覆盖物应用

绿化废弃物还可以加工成生物炭，也是一种储备在黑炭连续体中的植物生物量衍生材料。施用生物炭产品也是一种较好的改善城市土壤质量的方法。生物炭对土壤的改良作用是来自其巨大的氧化表面积以及多孔的结构，这种结构使其具备营养高亲和性与持久性，可以作为肥料缓释载体，延缓肥料养分的释放，降低土壤养分的淋失，提高肥料和养分的利用率以及养分的保持。生物炭本身极为缓慢的分解速率，有助于内部腐殖质的形成，可以长期提高土壤肥力，是城市土壤比较优越的一个有机修复剂（图 4-13）。[11]

图 4-13 绿地用绿化废弃物产品改良土壤（四平路）

3）菌根菌

菌根真菌是自然界中普遍存在的一种土壤微生物。陆地 90% 以上的有花植物都能够与它形成菌根共生体（图 4-14），悬铃木、松树类、栎树类等绿化常用树木都可以不同形式与菌根菌共生。菌根菌丝的分枝伸长能力很强，大大增加了植物对营养的吸收范围和吸收面积。菌根菌能够促进植物吸收利用矿质养分和水分，提高植物抗逆性和抗病性，改良土壤结构，其代谢产物能够增强土壤肥力，提高苗木移栽成活率，促进植被恢复。另一种比较有代表性的就是丛枝菌根真菌（AM），它具有很强的污染物去除能力，与植物配合可以快速固定土壤中的重金属，目前被广泛应用于城市棕地、化工厂区、矿区等高污染地区的土壤修复。

图 4-14 附着在根系上的菌根菌

（3）化学改良

目前已不再提倡大量施用化肥等直接补充土壤元素和盐分的化学添加剂，而转为使用无毒无害的专用改良剂。日本最近研制成一种新型的液体通气保湿剂，这种改良剂含有聚乙烯醇 66%、脱乙酰甲壳质 0.11%、氨基酸 0.022%、单宁 0.019%。在黏土中加入这种改良剂，能改善土壤的团粒结构，提高其通气性、透水性和保水性。[12] 法国也利用聚合物制成了聚合物亲水松土剂，该松土剂呈颗粒状，撒在土壤中后即起作用。当土壤潮湿时，颗粒吸收水分而剧烈膨胀，其体积可增大数百倍。然后逐渐释放出水分，使作物在干旱时也有一定的水分可供维持生长。随着含水量逐渐减少，颗粒的体积也随之减少，原来占据的位置逐步空出，从而使土壤疏松。[13]

（4）土壤调理剂

目前，商品化应用的土壤调理剂基本都是复合型调理剂，一种调理剂可以同时具备多种功能。其对障碍土壤的改良作用包括：调节土壤砂黏比例，改善土壤结构、促进团粒结构形成，提高土壤保水持水能力、增加有效水供应，调节土壤 pH 值，调理失衡的土壤养分体系等。一些生物制剂类的土壤调理剂既可以改善土壤结构、增加土壤肥力，还可以对土壤生物和微生物的活化有一定作用。有学者研究这类土壤调理剂对土壤微生物、酶活性和植物生长量的影响，结果显示施用土壤改良剂可以明显促进土壤放线菌、磷细菌和纤维分解菌等微生物的繁殖数量，提高酶的活性。[14]

4.3 树木生境重建

传统的绿化种植土壤很难满足行道树和广场绿化等硬质铺装空间的特殊要求，住房和城乡建设部颁布的标准《绿化种植土壤》中规定"绿化种植土壤中应无明显的石块，石砾（粒径≥ 2mm）含量应小于 20％"，这符合一般绿化种植的要求。但是，在硬质铺装的地面下，即使原生土壤再好，其理化性质也会随着时间和压实的升高发生退化，难以满足植物正常生长的需求。[15]城市硬质空间的绿化种植土，需保证土壤的透气性和交换能力，提升树木根系的生长空间和活力。同时，还需要为地上铺装提供良好的支撑性。这一问题随着城市化进程的加速，已经成为城市绿化健康发展无法回避的难题。

4.3.1 配方土应用技术

配方土是由两部分混合而成，包括强度框架所需强度的石块以及符合植物生长需求的土壤。配方土需要具有承载力的石块来支撑，此结构能够通过石块之间的接触提供稳定性，同时形成相互连通的孔隙，可以方便根系进行渗透以及空气与水的交换。选择相对均匀的石块大小，以提供在压实后具有高孔隙度的均匀系统。此系统承担符合施工标准的压实作用力，所选择的角状石块可以增加紧实后的结构孔隙度。场地实验和应用实践都表明，树木可以在配方土质地中很好地生长

图4-15　配方土中银杏根系的发育情况　　　　图4-16　配方土中生长一年的广玉兰根系发育情况

（图4-15、图4-16）。[16, 17]

（1）配方土的配置

　　配方土的设计质地应介于壤土与重质黏土之间，其中黏土含量至少为20%。配方土中充满了由石块构成的大的气孔。在土壤夯实之后，可以持续提供根系生长与植物栽植所必要的养分。配方土配置的一个问题，是将混合物充分拌匀并且在卡车运输、放置以及紧实过程中也尽可能保持不变。事实上，如果没有被压实的土壤填充石头缝隙，则可接受的承载能力会出现可观察到的损失。[16]康奈尔大学的研究人员发现，受益于增粘剂的添加，配方土才能稳定地实现混合过程。[17]丙烯酸钾/丙烯酰胺共聚物等增粘剂使得石头与土壤混合更为均匀，并可防止由于运输、倾倒以及安装时的振动，造成材料分离。

（2）配方土的使用

　　配方土的用途十分明确，主要用于购物街、人行道、停车场等硬质空间下，所采用的材料既能支撑路面，又具有很好的透气性，以使其可以承受行人与车辆交通的压力，满足树木根系的生长需要。用常规的设备对配方土进行充分压实，使它们可以成为整个路面的基础。由于配方土的空隙大，根系容易向上生长，凸出土壤层破坏路面。因此，使用配方土时应在土层与路面之间铺设20cm厚的碎石层，以阻止根系向上生长。如果有大量配方土用于树根生长，则必须根据地区情况考虑补水的需要，也可根据需要将肥料溶于灌溉水中补充养分。根系下方必须采用有效排水，避免长时间积水。配方土下方的路基可能紧实度很高，无法提供水分或根系穿过的必要空间。应该在配方土材料与压实路基之间设置与雨水排水系统相连接的排水管道（图4-17、图4-18）。

图 4-17　行道树配方土应用 I　　　　　　　图 4-18　行道树配方土应用 II

4.3.2　配套技术

（1）补水

在改良后的土壤中进行栽植是非常简单的事，但是土壤透气性和入渗率的提高却增加了后期养护的难度，树木栽植初期对水分的需求量又非常大，所以需要定时进行人工补水，有条件的场地最好铺设灌溉设施。根据降雨与气温情况，两个月内应每天进行灌溉，或保证树穴内土壤保持湿润（20cm 以下土壤应保持湿润），两个月以后逐渐降低补水的频率。但是，干旱少雨地区的行道树和硬质广场中的树木，配方土改良后应在两年内定时进行灌溉。

（2）追肥

如果使用物理方法进行土壤改良，土壤中会混入一定比例的碎石，造成壤土比例的降低，土壤的肥力也会相应降低，透水性会大幅增强，土壤中的部分养分也会随水分流失。因此，要对种植的树木进行定期施肥。首先推荐定期施用有机质，有机质通过分解可以提供植物生长所需的营养物质，同时也可以填充碎石形成的大孔隙，进一步减少水土的流失。此外，建议施用树木专用的缓释肥，与传统肥料相比，缓释肥的化学物质释放速率远小于速溶性肥料，施入土壤后转变为植物有效形态养分的释放速率很慢。另一方面，缓释肥可通过各种调控机制使养分按照设定的释放模式与树木吸收养分的规律相一致。

（3）断根

研究试验证明，树木的衰老主要是根系的老化，许多有害病菌侵害了根系，使一些有害元素逐渐积累，造成许多根系不断死亡。树木春季修剪时，可以结合施肥同时进行断根处理。每 2 ~ 3 年有计划地沿树穴外围挖一圈 50 ~ 70cm 深的沟，切断部分直径小于 1cm 的根，以促进其根系再生，通过逐年修剪，使根系分布越来越广，吸收能力加强。

图4-19 新种树木的支撑装置

（4）支撑

改良后的土壤质地比较疏松，土壤孔隙度明显增大，这种变化有利于树木的生长，但同时对树木的支撑作用会变弱。因此，在改良后的土壤中栽植树木，应做好支撑和固定。常见的树木支撑固定装置有竖桩和根基地锚等，设置方法会在第5章进行详细介绍。在树木根系恢复生长一段时间后，树木自身的牢固性也会恢复正常。一般栽植两年后可以去除支撑装置（图4-19）。

4.4 生境重建及功能延伸

在场地分析时，已经针对待建地块的地上空间和地下特征进行了详细的勘察与评估，这为绿化设计时栽植区域的空间配置提供了最直接可靠的支持。根据这些第一手资料，栽植区域的空间配置一般从地上空间和地下空间两方面进行着重考虑。对于屋顶绿化、垂直绿化等立体绿化形式，还应进一步考虑风力、承重、附着面材料等问题，在此不进行详细介绍。

4.4.1 减少人行道与树木的冲突

在城市绿化中，行道树一直是个矛盾突出的地方。一方面，城市人行道宽度不一，普遍较小。根据上海市《城市道路设计规程》的要求，人行道总宽度应大于3.3m，但是上海中心城区部分人行道宽度只有2m左右，很大程度上限制了树穴的体积。地下市政管线和上方的架空线也限制了行道树的生长空间。想要从根本上解决这个问题，需要在道路规划设计时为绿化种植预留出充足的空间。从技术上来说，地下部分可以放弃穴状种植的方式，采用配方土连通的方式来扩展根系的生长空间。地上部分可以通过修剪来控制树木的高度和冠形。

另一方面，行道树的生长也会对人行道的路面和行人造成影响。很多树种的根系经过多年的生长会向上拱起，从而影响人行道的平整。还有一部分行道树冠幅较大，种植间距相对较近，树木长成后对路灯的灯光和交通指示牌等造成遮挡，影响行人的安全。解决这些冲突，需要在种植和养护时更加精细化，比如种植时对苗木根系的梳理，日常修剪时对冠形和高度的控制等。

4.4.2 共享的根系空间

因为道路拓宽、管道改造等一些遗留问题，上海城区道路的地下种植空间相当拥挤，有不少路段的行道树与地下市政管道的矛盾不可避免。怎样处理好这一矛盾也是城市管理的一大难题。在道路建设的设计阶段要争取通过设置隔离带等方式保留原有行道树。在施工前要进行实地测量，确定树穴的位置和种植深度，尽可能地预留出一个共享的地下生长空间。

在海绵城市理念要求下的绿地建设，对树穴的设计提出了更高的要求。生态树池就是在这种理念下的一种新的概念。生态树池一般采用适合树木生长的专用配方土，底部设置有排水盲管，可消纳树池周边硬质地面产生的雨水径流，是生物滞留设施的一种。可以根据人行道或隔离带的宽度，选择穴状树池或带状树池，树穴内添加透水基质材料和种植土壤。有条件的区域，地上部分可以采用透水铺装。这种设计一方面可以增加种植区域的水分和通气性，保证行道树的健康生长；另一方面，能够提升人行道对雨水的蓄渗和消纳能力，减缓路面积水。

4.4.3 树穴表面的处理

从事绿化工作的人员都知道一个常识，不合理的覆盖方式会影响树木的正常生长。通常，在树木周围覆盖一定高度的有机物是大有裨益的。然而，如果覆盖方式不恰当，例如在树干周围形成火山丘状的土堆，就会对树木的健康造成严重威胁。因此，对树木根系上方的表面处理，是一项值得深入研究的课题。

（1）草皮覆盖

草皮覆盖是城市地区土壤表面的常见处理方法。草皮最为常见的是在公园及住宅区使用，在商业区以及街道和人行道附近的树木草坪上也有一定程度的使用。一般而言，草皮对树木根部以及树木生存能力的影响是最小的，尤其是对成熟的树木而言。草皮可以使土壤免受侵蚀的危害，并可以减少土壤表面被压实的程度，而且还有良好的透水性和透气性。欧美国家对草坪的生产和养护有着深入的研究和实践经验（图4-20）。

若计划在树木上方铺设草皮，需要等待树木发育成熟或恢复正常生长状态后再进行铺设。养护草皮时应注意方法，不能在草皮上施用某些针对阔叶植物的农药，割草设备要远离树木的树干，或在根茎周围设置环形护根，防止割草机对树皮造成损伤。

（2）覆盖物覆盖

近些年，有机覆盖物覆盖城市园林植物是我国一线城市如上海、北京、深圳

图 4-20　草坪类型的研究（美国国家植物园）

等地逐渐兴起的一项城市园林养护管理措施。树皮类、果壳类和碎木类等有机覆盖物直接覆盖绿化土壤表面，其中丰富的纤维素可以快速分解，对改善土壤养分状况、促进植物生长发育具有良好作用。另外，这些有机覆盖物均含有植物生长所需要的 N、P、K 等营养成分，应用于城市园林绿地植物后能明显提高土壤肥力。[18]同时，有机覆盖物本身的质感、颜色、pH 值等特性与园林景观的结合是硬质景观与植物景观之间的一种过渡，可以起到装扮城市环境、美化城市绿地景观、抑制土壤扬尘等作用。[19] 美国等发达国家对覆盖物的应用已经非常成熟，城市中裸露的土壤基本都会使用覆盖物进行覆盖（图 4-21、图 4-22）。

图 4-21　林下土壤使用的有机覆盖物　　　　图 4-22　树穴和花卉种植区内的有机覆盖物（美国华盛顿）

（3）铺设盖板

盖板作为行道树重要的配套设施，不仅可以保证黄土不裸露，提升道路的整体景观与行人的通行安全、方便，还可以改善行道树的健康状况。盖板的选择要充分考虑道路周围环境、行道树生长需求、车辆行人的通行性。行道树的健康生长需要树穴内的空气和水分能与外界进行正常的交换。因此，选择盖板还应考虑其透气性、渗水性和覆盖面积。近些年来，上海市行道树盖板的运用已非常成熟

（图4-23）。应用比例大幅度提高，城区道路基本能够达到全覆盖，主要以硬质盖板为主。砼盖板、铸铁盖板目前还是树穴覆盖的普遍选择。随着新材料、新技术的推广，盖板种类不断丰富，生态材料盖板应用数量不断增加，盖板图案更加丰富、美观，与道路周边环境的协调度更高。

图 4-23　自主研发的组合式透水盖板

4.4.4　根域土壤的处理

在任何现有的绿化景观中，树根其实已经适应了土壤的深度。如果提升现有根系的坡度，可能会严重影响水分或氧气的可用性，并改变土壤的密度。例如在现有树木周围填土，对有些树木可能没什么影响，而另一些则不是。如果提高树根之上的土壤坡度，可能会产生很多问题。一般情况下，新的土壤可能有着与旧土壤不同的质地，会导致下方土壤氧气水平降低。在表面抬升之后，由于土壤质地的变化，地下的排水系统也有可能会失效。土壤的压实也可能会大大改变排水的方法，并使得根部无法获得充足的氧气。

（1）适当改造地形

绿地表面在接受降雨的过程中，除植物冠层截流以及地面洼地积蓄的雨水经蒸发损失以外，有一部分通过绿地土壤直接渗透到植物根系层为植物所利用，进入深层土壤的水分直接补给地下水。还有一部分雨水没有及时入渗和蒸发，而是在绿地表面产生径流，这就是绿地雨水径流。绿地的地形直接影响这部分雨水径流的走向和入渗。通过对绿地地形的改造，可以引导雨水径流的流向，并在特定的地点形成雨水汇集区，方便雨水的入渗、过滤和排放。[20]

地形的坡度对于地表水分的入渗速率也有一定的影响。在原始地形限定的改造范围内通过设计等高线或控制点高程来改造原有地形，有利于地面雨水的汇流，提升土壤入渗能力。有研究发现，坡度在 5°～15° 时，径流产生时间逐渐减少，土壤稳定渗透率随坡度增大而减少，在 10° 左右时土壤入渗率达到最大值。[21]

（2）疏松现有表土

相对于老绿地的土壤改良，在植物栽种之前进行的土壤深翻与改良要简单得多。生长在致密、排水不畅的土壤中的树木可能会存活，但其生长会受到阻碍。通常，这些树木的"根系并没有生长到原始的树穴中，根系依然保持集中状态，限制了根系生长以及水和养分的吸收"。

在对地下管线进行定位之后，可以对树木周围的径向开挖进行测绘。开挖的沟渠越多，对树木越有益。沟渠应尽可能对称。随后，向远离树木的方向开挖，直至遇到根系。当穿过树根的时候，不得对其产生过多的损伤。当遇到树根的时候，沟渠应尽可能从这一点往外发散，但至少应有 3 m。沟渠的长度至少应为 3.5m，沿着离开树木的方向呈向下的坡度，在最远端的深度大约为 60cm。移除沟渠中所有的土壤，然后将其放置在防水布上。如果土壤可以被充分改良，以减少其体积密度，则应对其进行改良与更换。在此方法下，一个很好的选择是压实的砂壤土。如果土壤呈现黏土质地，使用未压实的砂壤土对沟渠中的土壤进行更换，将会更加有效。如果无法使用更好的土壤对沟渠进行更换，可使用体积百分比至少为 50% 的有机改良剂减少较重土壤的密度。

在所有的沟渠开挖完毕后，尽快对沟渠中的土壤进行更换，以减少被切断的树根在空气中的暴露时间。为进一步减少沟渠中土壤重新紧实的状况，沟渠半径内的所有草皮最好都要移除，对整个区域使用松鳞、果壳等有机覆盖物进行护根处理，任何护根都不要接触树干。对沟渠进行首次浇水，随后在自然降水受限的情况下进行浇水。

4.4.5　场地排水处理

像上海这种土壤紧实度高、地下水水位高的南方多雨城市，在绿地建设时必须做好绿地内的雨水管控。从植物学角度来说，对于大多数绿地植物而言，良好的排水环境是其正常生长的重要保障。正常情况下，雨水可以通过自然入渗进入土壤，并被植物根系缓慢吸收。但对于人行道和广场绿地而言，受行人、车辆或其他外来的踩压影响，土壤会变得紧实或板结，从而影响雨水的入渗。在这些情形下，可能仅需要人工操作来改善土壤的状况。在雨量较大的情形下，必须通过排水系统来引导并移除水分。可以通过地形处理来引导地表水和径流，并防止水流在不恰当的地点汇集。地下排水可以移除已经进入土壤剖面的多余水分。这种类型的排水充分降低了邻近排水沟的地下水位高度，避免根系被长时间淹没。

近年来，国家和地方都在大力提倡海绵城市建设，绿地作为天然的海绵体，是海绵城市建设的重要载体。原生土壤对储存、传输、处理雨水径流具有关键作用，土壤结构不同其渗透能力也不相同，从低到高可有 10% ~ 40% 的年降雨量渗透到地下补给地下水。[22] 不管使用改良剂还是更换优质土壤，改良后土壤的整个深度范围都应有合理的排水。然而，在改良的土壤下通常是排水不畅的紧实土壤，这会迫使多余的水分返回植物根区。为解决这一问题，在树木栽植区域，可以采用暗沟排水将多余的水分排出，暗沟排水必须在排水良好的土壤附近使用。如果在下方设置一条排水渠，排水不畅的土壤不会得到改良。这就像在水槽上放置一块湿海绵一样，海绵不会允许多余的水分排出，除非它饱和后在重力的作用下排出水分。如果在重质土中附着力过强，则不管是否为暗沟排水，土壤都会保持潮湿。暗沟排水仅适用于排水良好且大气孔较多的土壤。

在绿地设计中，通常使用两种暗沟排水系统。第一种是由均匀砾石环绕打孔的 PVC 管道。可以将地质纤维膜与砾石搭配使用，以防止土壤进入砾石之中，进而进入多孔的管道。第二种常见的暗沟排水系统为盲沟。此设备使用机械操作，与前文所述的多孔管道暗沟排水很相似。但是，盲沟仅取决于沟渠中所放置的孔隙空间，这种空间可以将水分转移至现场较低位置的均匀级配砾石中。在两种暗沟排水系统中，排水管道必须倾斜，以将水引导至坡下的另一个雨水系统或者集水区。需要说明的是，这些浅地表排水系统仅在排水良好的土壤中才能发挥作用。

4.5 案例：树木种植区域土壤改良

新山龙广场绿地位于金山区政府西南面，处于板桥路与卫零路口。新山龙绿地承担了居民健身、休憩、游览功能。周边用地以多层建筑居多，住宅区为主，局部为商业区，配套设施较为完备，占地 25640m² 的新山龙广场绿地作为住宅区路口景观绿地，起区域标志、丰富街景的作用。2003 年建成以来，已有十余年的时间，绿地内部分植物生长状况不佳，特别是竹类、红叶李、樱花等植物长势衰弱。施工过程中对广场内土壤进行了全部改良，其中樱花林下土壤改良深度达到了 1.5m。

此次土壤改良的方式是原生土壤改良，既可以减少客土和化学添加剂的使用，又可以改善较深土壤的活性。原生土壤改良的过程主要分为四个步骤：①深翻，移除原有植被，将场地内 1.5m 深的原土进行深翻；②分拣，在深翻过程中将建筑垃圾进行分拣；③粉碎与抛洒，使用机械将深翻和分拣后的原土进行粉碎，改善土壤的板结状况增加透气性，在粉碎过程中进行 1.2m 高度的缓慢抛洒，利用紫外线和氧气杀灭原土内的厌氧菌和其他有害微生物；④施用土壤改良剂，在处理后的原土内补充混有菌根菌制剂和有机质的土壤改良剂，综合改善土壤的团粒结构和活力（图 4-24、表 4-4）。

图 4-24　土壤改良过程（金山区新山龙广场绿地）

		金山区新山龙广场绿地改造前后土壤含水量情况		表 4-4
绿地类型	样本量	蓄水空间	容重（g/cm³）	土壤总孔隙度
改造前	15	16.48%	1.24	53.2%
改造后	15	17.94%	1.18	55.5%

　　图 4-25 可以表明，海绵设施建设前后金山区新山龙广场绿地的土壤紧实度随土壤剖面深度的变化以及其土壤紧实度的差异。地表 0cm 至地表下 15cm 处，改造前后绿地的土壤紧实度呈现相同趋势，均随深度增加逐渐增大，并且在地表下 12.5cm 和 15cm 处增幅变小，趋于稳定，另外二者相比显示出建设后的紧实度明显较建设前低。

　　表 4-5 是金山区新山龙广场绿地海绵设施建设前后土壤紧实度描述统计，从中可以看出，从地表 0cm 至地下 15cm 处，改造前土壤紧实度的平均值大于改造后；而变异系数的明显规律是地表下 7.5cm、10cm、12.5cm 和 15cm 处，改造前土壤紧实度的变异系数比改造后小。

　　研究表明，土壤紧实度测量值到 2.5MPa 时会限制植物根系生长，3MPa 被认为是根系生长的上限。由表 4-5 可以清楚看到，调研范围内改造前的新山龙广场绿地土壤紧实度在地下 12.5cm 和 15cm 处出现大于 3MPa 的情况，但在其改造后，土壤紧实度均低于 2.5MPa，最大值为 1364.00kPa。而改造前后的嘉定丹桂园绿地土壤紧实度均低于 2.5MPa，最大值为 537.00kPa。因此，对土壤紧实度的测定

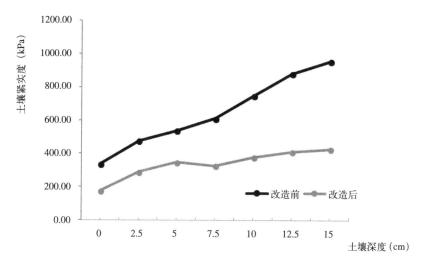

图 4-25　金山区新山龙广场绿地海绵设施建设前后土壤紧实度随剖面深度的变化

金山区新山龙广场绿地海绵设施建设前后土壤紧实度描述统计　　　　　　表 4-5

土壤深度（cm）	土壤紧实度（kPa）			
	绿地类型	平均值	标准差	变异系数（%）
0	改造前	337.17	235.54	69.86
	改造后	176.62	118.00	66.81
2.5	改造前	475.33	317.61	66.82
	改造后	290.08	119.41	41.16
5	改造前	537.17	254.79	47.43
	改造后	347.23	163.89	47.20
7.5	改造前	608.67	126.38	20.76
	改造后	325.77	191.64	58.83
10	改造前	746.17	236.58	31.71
	改造后	378.08	282.12	74.62
12.5	改造前	879.67	390.26	44.36
	改造后	411.00	327.92	79.79
15	改造前	953.00	418.07	43.87
	改造后	426.62	308.72	72.36

结果再次证明土壤改良措施对于改善土壤压实问题、保护植物根系生长具有非常明显的功效。

由图 4-26 可得出，入渗性能曲线的整体趋势呈现出改造后明显高于改造前的规律。新山龙绿地经过改造后，园区内非雨水设施和雨水设施的入渗性能都得到了一定程度的提高。改造后绿地的初始入渗速率和过渡速率都明显高于未改造前，最后的稳定入渗率即饱和导水率也高于改造前，其中新山龙绿地广场中雨水设施在土壤性能上的提高尤其突出。由此可见，改良原有土壤理化性质、建设雨水设施对于土壤入渗能力的提升确实有直接的作用。

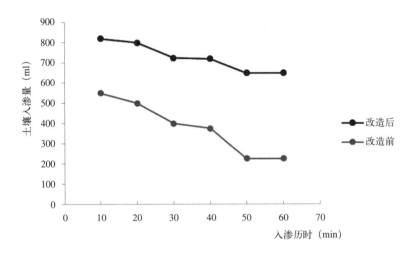

图4-26 新山龙绿地雨水设施入渗性能曲线

参考文献

[1] 章家恩，徐琪．城市土壤的形成特征及其保护 [J]. 土壤，1997（04）：189-193.

[2] 韩继红，李传省，黄秋萍．城市土壤对园林植物生长的影响及其改善措施 [J]. 中国园林，2003（07）：74-76.

[3] 方海兰．园林土壤质量管理的探讨——以上海为例 [J]. 中国园林，2000（6）：85-87.

[4] 刘为华，张桂莲，徐飞，等．上海城市森林土壤理化性质 [J]. 浙江林学院学报，2009，26（02）：155-163.

[5] Moll G. Shading Our Cities[M]. Washington D.C: Island Press, 1989.

[6] Spomer L A. Physical amendment of landscape soils [J]. Journal of Environmental Horticulture, 1983, 1: 77-80.

[7] Abiven S, Menasseri S, Chenu C. The effects of organic inputsover time on soil aggregate stability – a literature analysis [J]. Soil Biology & Biochemistry, 2009, 41: 1-12.

[8] Movahedi-Naeini S A R, Cook H F. Influence of municipal composton temperature, water, nutrient status and the yield of maize in atemperate soil[J]. Soil Use Manage, 2000, 16: 215-221.

[9] 梁晶，方海兰．城市有机废弃物对城市绿地土壤生态功能的维护作用 [J]. 浙江林学院学报，2010，27（2）：292-298.

[10] 方海兰，等．城市土壤生态功能与有机废弃物循环利用 [M]. 上海：上海科学技术出版社，2014：241.

[11] 武玉，徐刚，吕迎春，等 . 生物炭对土壤理化性质影响的研究进展 [J]. 地球科学进展，2014, 29（01）: 68-79.

[12] 李玲玲 . 国外土壤改良新技术 [J]. 国外农业，1996（7）: 33.

[13] 曹胜，漆琼，等 . 国外土壤改良新技术 [J]. 湖南农业，1999（5）: 13.

[14] 邢世和，熊德中，周碧青 . 不同土壤改良剂对土壤生化性质与烤烟产量的影响 [J]. 土壤通报，2005, 36（1）: 72-75.

[15] 伍海兵，方海兰，彭红玲，等 . 典型新建绿地上海辰山植物园的土壤物理性质分析 [J]. 水土保持学报，2012, 26（6）: 85-90.

[16] Grabosky J，Bassuk N，Irwin L，et al. Shoot and root growth of three tree species in sidewalks[J]. 2002.

[17] Grabosky J，Haffner E，Bassuk N. Plant available moisture in stone-soil media for use under pavement while allowing urban tree root growth[J]. Arboriculture & Urban Forestry, 2009, 35 (5).

[18] 周立祥 . 绿色植物废弃物在城市绿地土壤上的应用 [D]. 南京: 南京农业大学，2009: 1-14.

[19] 陈玉娟 . 有机覆盖物对城市绿地土壤的影响 [D]. 北京: 北京中国林业科学研究院，2009: 1-5.

[20] 田仲，苏德荣，管德义 . 城市公园绿地雨水径流利用研究 [J]. 中国园林，2008, 11: 64-65.

[21] 邓洁，龙志宇，申明达 . 坡度与降雨强度对草坪雨水径流的影响 [J]. 安徽农业科学，2013, 41（35）: 13720-13762.

[22]（美）阿肯色大学社区设计中心 .LID 低影响开发: 城区设计手册 [M]. 卢涛，译 . 南京: 江苏凤凰科技出版社，2017: 46.

05

第5章

树木栽植

如前文所述，道路景观是城市的"外衣"，其对城市形象具有举足轻重的作用，人们对城市的感性认识往往来自于对城市道路景观的体验。树木栽植可以在最短时间内达到提高城市道路景观的效果，是目前绿化建设常用方法之一。因此，掌握树木栽植关键技术，提高苗木移植成活率，对提升城市绿化景观效果十分重要。科学而细致的栽植，是树木健康成长的重要保障。栽植对树木而言，就像地基对房屋一样重要。没有好的基础，房屋就不会保持长久的稳定，对于树木也是如此，尤其是对于城市街道树木。[1] 因此，如何在保证树木成活的前提下，通过科学的栽植程序和方法，形成符合设计要求、达到预定景观效果的树木景观，值得我们探讨和深思。

5.1 栽植设计

5.1.1 设计目标

（1）完善道路生态系统

建立符合科学规律的城市道路生态系统，以可持续发展为导向坚持与生态环境相统一，以多层复合式植物群落模式充分发挥绿地净化空气、涵养水源、减弱噪声等生态作用 [2]，力求实现景观的生态化。

（2）营造城市绿化景观

在设计时，要充分发挥本市现有的自然、人文、建筑、水文等特色，重视营造绿色生态网络结构，提升和美化城市绿化景观品质，打造绿化精品。

（3）满足市民休闲游憩

随着城市的快速发展和市民对美好生活要求的不断提高，绿化景观越来越受到关注，改造植物布局，利用树木群落形成小气候环境，提供舒适、宜人的健康休闲场所已成为设计师必须要考虑的问题。

5.1.2 设计原则

（1）以人为本，注重安全性

城市的生态系统是以人为主体的生态系统，受益者是生活在城市中的市民，其最终目的是促进人的持续健康发展。因此，在进行景观工程设计时必须符合人的生活和需求。时下，一些设计脱离市民感受，效果美则美矣，却缺乏基本的人文情怀。例如，很多城市绿地，设计有大面积草坪或主要由地被植物组织的开敞空间，夏季烈日炎炎，冬季景观单调，环境感受度差。因此，在进行工程设计时必须从受众的感受度、体验度出发，以人为本。

在进行工程设计时，除了要符合行业和地方相关标准规范外，要特别注意道路交叉口的设计，在设计时要考虑交通安全视距（图 5-1），沈李强等在城市行道树规划建设初探中指出，在道路的交叉口视距三角形范围内，行道树应采用通透式配置，路口人行道（圆角范围内人行道及距圆弧线切点 15m 范围内的人行道）不得种植行道树。[3]

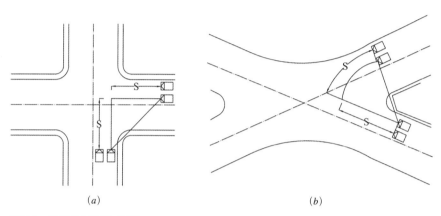

图 5-1 交通安全视距示意图

(a) 十字形交叉口；(b) × 字形交叉口

据上海市绿化部门开展的"交通标志设置与行道树位置关系研究"表明，城市道路路口处视距三角形区域的范围内，城市道路三角形边长为城市道路一般限制车速的安全停车视距，考虑到道路的长度，建议道路边缘与行道树的距离设为30m（图 5-2）。交通标志易被遮挡的是柱式和臂式两种交通标志，设置路侧式标

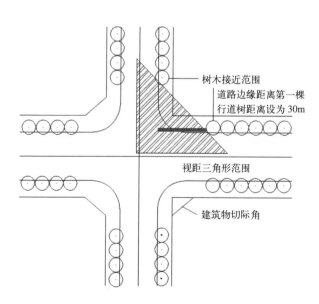

树木接近范围

道路边缘距离第一棵
行道树距离设为 30m

视距三角形范围

建筑物切际角

图 5-2 路口视距三角形区域示意图

志时,可与道路中心线的垂直线成一定角度 β;指路标志和警告标志为 0°～ 10°;禁令标志和指示标志为 0°～ 45°;道路上方的标志应与道路中心线垂直并与道路垂直线成 0°～ 10° 俯角 β（图 5-3）;路侧式标志易受行道树树木主干的遮挡,如设置合适的位置,并赋予合理的侧向角度 δ,则不产生交通标志的遮挡问题,针对上海道路的特点, δ 角的角度建议扩大至 10°～ 30°。

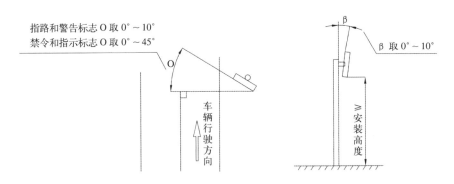

图 5-3 垂直线成角示意图

同时,研究建议交通标志设施可以采用左侧设置,被遮挡的交通信号设施设于道路左侧,减小观察视角,增加设施可视范围。且在《城市道路交通标志标线设置指南》标志设置地点的规定中指出:特殊情况下交通标志设施可在道路两侧同时设置。树木栽植与各市政设施之间的距离见表 5-1 ～表 5-3。

树木与电力架空线最小垂直距离　　　　　　　　　　表 5-1

电压（kV）	1～10	35～110	154～220	330
最小垂直距离（m）	1.5	3.0	3.5	4.5

地下管线外缘与树木最小水平距离　　　　　　　　　表 5-2

管线名称	距乔木中心距离（m）	距灌木中心距离（m）
电力电缆	1.0	1.0
电信电缆（直埋）	1.0	1.0
电信电缆（管道）	1.5	1.0
给水管道	1.5	—
雨水管道	1.5	—
污水管道	1.5	—
燃气管道	1.2	1.2
热力管道	1.5	1.5
排水盲沟	1.0	—

道路其他设施与树木最小水平距离   表 5-3

设施名称	距乔木中心距离（m）	距灌木中心距离（m）
低于2m的围墙	1.0	—
挡土墙	1.0	—
路灯杆柱	2.0	—
电力、电信杆柱	1.5	—
交通标志、路牌、车站标志	1.2	—
消防设施、邮筒	1.5	2.0
测量水准点	2.0	2.0
有窗住宅	6.0	—

（2）生态优先，体现景观性

在设计时，以生态理论为指导，从宏观把握，切实增大绿量，将城市与绿地景观紧密结合，并保护生物多样性，维护生态平衡。[4]除栽植遮阴效果良好的高大乔木外，有条件的要形成复层结构。所选树种需适应本地气候特点，具有较强的抗逆性和吸污、滞尘功能。同时，在植物配置上以自然式设计为主，合理控制种植密度，为树木预留生长空间，提高植物种类的丰富度，控制常绿与落叶树种的比例，根据上海市的特点可以将常绿与落叶树种的比例控制在 4∶6 ～ 2∶8 之间。

景观设计的过程是美学与艺术的结合，所以设计不但要满足植物正常的生长发育需求，还要符合美学原则，体现艺术性。植物种类繁多，具有各自不同的观赏特性，并随着时间、空间的变化而呈现出不同的景观效果。因此，在植物景观设计时要根据植物形态、色彩、大小、季相变化、周边环境的不同进行合理的配置，才能营造出优美和谐的植物景观。如 2014 年上海市宝山区的郁江巷路通过对中隔带内的植物品种进行改造提升，抽除部分六道木、杜鹃等灌木，栽植了樱花、银杏等观花观叶树木，既实现了绿化景观空间上的层次感，又极大丰富了季象景观，春季繁花似锦，秋季落日生辉（图 5-4、图 5-5）。

在考虑树种在时空、色彩上搭配的同时，也要考虑树种之间的"生理"搭配，应避免因树种混植不当而造成病虫害"连带"发生，如国槐与泡桐混植，会造成椿象等害虫的发生；桧柏（*Sabina chinensis*）应远离蔷薇科植物，如梨树（*Pyrus sorotina*）、海棠花（*Malus spectabilis*）等。

（3）适地适树，倡导经济性

设计过程中，应了解所选树种的生态习性以及对栽植地区生态环境的适应能力，施工养护企业应具备成熟的栽培养护技术。提倡选用性状优良的乡土树种，特别是生态型绿地的设计更应注重乡土树种的应用，可快速建立植物群落，发挥

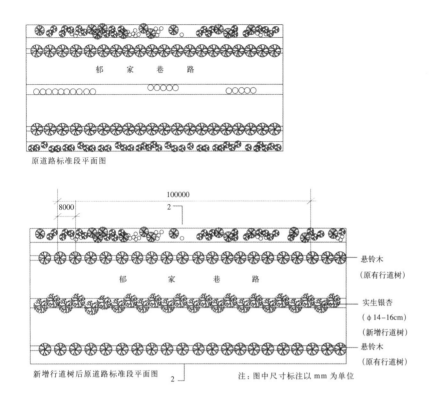

原道路标准段平面图

100000

8000

2

悬铃木
（原有行道树）

郁　家　巷　路

实生银杏
（φ14-16cm）
（新增行道树）

悬铃木
（原有行道树）

新增行道树后原道路标准段平面图

2

注：图中尺寸标注以 mm 为单位

图 5-4　郁家巷路改造平面图

示范点：郁家巷路

实施内容：
1. 增加行道树
2. 调整苗木
3. 土壤改良
4. 养护作业示范

新增行道树
• 种植位置：中央分隔带
• 选用树种：银杏（实生）
• 规格：胸径 14-16cm
　　　　　H451cm- 以上
　　　　　P301-350cm
• 间距：8m
• 形态：树干挺拔、树冠完整、
　不偏冠；枝下高 3.5M，3 级
　分叉枝以上，带球种植
• 数量：101 株
• 种植形式：多排种植

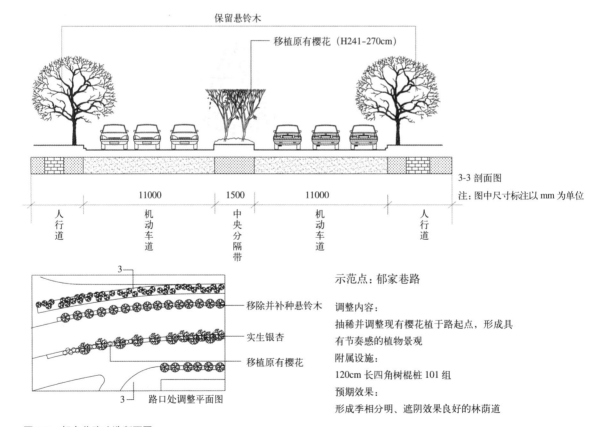

保留悬铃木

移植原有樱花（H241-270cm）

3-3 剖面图

注：图中尺寸标注以 mm 为单位

11000　　1500　　11000

人行道　机动车道　中央分隔带　机动车道　人行道

3

移除并补种悬铃木

实生银杏

移植原有樱花

3　路口处调整平面图

示范点：郁家巷路

调整内容：
抽稀并调整现有樱花植于路起点，形成具
有节奏感的植物景观
附属设施：
120cm 长四角树棍桩 101 组
预期效果：
形成季相分明、遮阴效果良好的林荫道

图 5-5　郁家巷路改造断面图

生态效应。应充分利用场地的小气候条件，保证树木的健康生长。以行道树为例，南北方向或偏南北方向 10° ~ 20° 的道路，两侧都应栽植行道树，树种常绿、落叶均可。东西方向或偏东西方向 10° ~ 20° 的道路，两侧以落叶树种为宜，栽植距离可根据空间宽度适当加大。

在设计时，要尽量节省设计、施工和养护的成本，遵守经济效益优先的原则，争取用最小的投入获得最大的收益，提高景观设计的可行性，为人们创造一个更好的生活环境。植物配置时，尽量选择一些寿命长、适应性强、耐粗放管理的植物。倡导多种植物组合，配置为乔灌草复层结构，防止大面积单一种植引起病虫害泛滥，增强生态系统的稳定性，以减少后期养护管理的费用。

植物是活的有机体，其生长离不开特定的生态环境，这就要求设计者在利用植物进行景观设计时，要充分了解植物的生长规律，考虑其生态要求，做到适地适树。

5.1.3 设计类型

树木栽植设计的类型一般可以分为规则式、不规则式和混合式三种。规则式设计主要是要对称，株行距固定，同向可以反复延伸，排列整齐一致，表现严谨规整，如中心式、对称式等；不规则式通常也称为自然式，其不要求株行距一致，不按中轴对称排列，不论组成树木的株数或种类多少，均要求搭配自然，如镶嵌式是其常用的设计形式；混合式是在某一植物造景中同时采用规则式和不规则式相结合的形式，这种栽植方式应用时应注意因地制宜，融洽协调。城市树木栽植设计的类型主要有对植、列植、丛植等。

行道树在比较宽阔的道路上（通常人行道宽度不小于 3m），可以在道路两侧列植；在狭窄的道路上可以根据实际情况，尤其是两侧建筑的情况，采用在道路一侧列植的方式进行设计。从道路设计断面看，在设计时，对于双向两车道的道路可以选择单幅路道路横断面，即两侧各种植一排及以上行道树（图 5-6），对于双向四车道的道路横断面可以选择双幅路或三幅路道路横断面（图 5-7、图 5-8），双向六车道与双向八车道的道路横断面可以选择四幅路道路横断面（图 5-9）。而绿地内树木的栽植形式与行道树有很大的差别，绿地及其周边的环境条件千差万别，决定树木栽植方式的因素有许多，其栽植形式往往较为灵活，可以富有园林艺术性。[5]

从栽植的外在表现形式看，行道树栽植有连接带栽植和穴状栽植两种方式（图 5-10、图 5-11），广场内的树木栽植方式可以参照行道树进行栽植。

穴状栽植方式最为普遍，多用于交通流量大、人行道狭窄的道路上，树穴规格依据道路条件、周边环境、树种特性而定，一般以不小于 1.5m×1.25m×1.0m

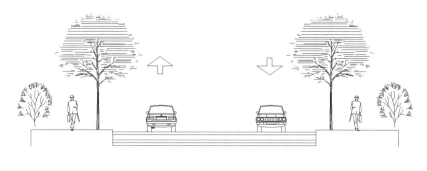

人行道　　　　　　　　　　车行道　　　　　　　　　　人行道

图 5-6　单幅路断面图

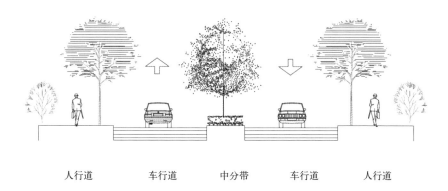

人行道　　　　车行道　　　　中分带　　　　车行道　　　　人行道

图 5-7　双幅路断面图

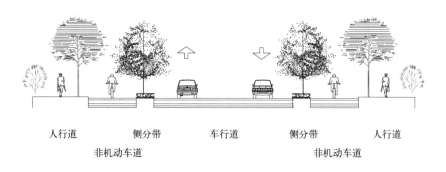

人行道　　　　　　侧分带　　　　车行道　　　　侧分带　　　　　　人行道
非机动车道　　　　　　　　　　　　　　　　　　　　　　　非机动车道

图 5-8　三幅路断面图

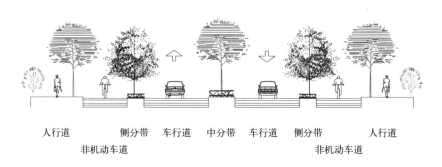

人行道　　　　侧分带　　车行道　　中分带　　车行道　　侧分带　　　　人行道
非机动车道　　　　　　　　　　　　　　　　　　　　　非机动车道

图 5-9　四幅路断面图

图 5-10　行道树穴状栽植　　　　图 5-11　行道树连接带栽植

为佳，且树木地径外侧与侧石的距离不应小于 0.5m。关于树穴的规格标准，不同的地方要求不一样，一般来讲，树穴越大越有利于树木后期的生长，在对加拿大基奇纳市的行道树研究表明，胸径大于 60cm 的树木至少需要 45m³ 的土壤，胸径大于 40cm 的树木至少需要 28m³ 的土壤，而胸径小于 20cm 的树木至少需要 17m³ 的土壤（图 5-12）。树池（穴）根据其与人行道路面的位置，可以分为平池、凹池和凸池。平池多用于南方，有利于行人通行；凹池多用于北方，有利于保水；凸池多用于栽植在地下管线较浅的地方。如果条件允许，还可以采用"上穴下通"的方式进行设计，即人行道面层铺装以下采用配方土（前章所述）进行横向或者纵向连通，提高土壤的透气性，以有利于树木根系的生长。

　　连接带栽植给树木生长创造了良好的生长空间，一般来讲，连接带的宽度通常应大于 1.5m，如常德路上的银杏，在栽植时树木规格相近、栽植时间相同、养护管理基本一致，采用的栽植方式不同，经过 10 年的生长，栽植在连接带内的树木其胸径和冠幅明显优于树穴内的树木（图 5-13）。

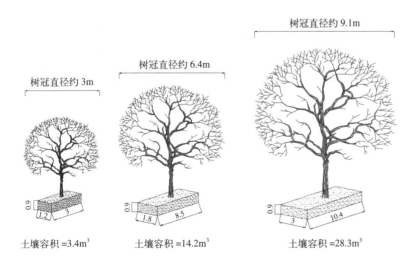

土壤容积影响树木生长和健康

图 5-12　树木生长与土壤体积关系示意图

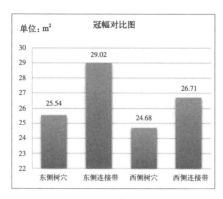
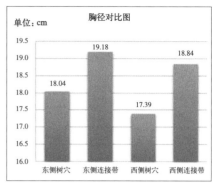

图 5-13　不同栽植方式生长量对比图

同样对加拿大基奇纳市的研究表明，采用连接带栽植树木，其土壤体积可以降低，这说明连接带栽植能够提高树木长势。

对于现有道路的改造，设计师应根据现场条件，通过改变道路板式、增加树木数量、改变管线铺设位置等方式进行，尽可能减少对现有树木的破坏，如上海市的宛平路（图5-14），在改造时通过将单幅路变成三幅路的方式保留了原有的两排行道树，既增加了绿量、提高了美景度，又有效缓解了交通压力。再如镇江市的大西路改造工程（图5-15），通过采用顶板的方式，将所有的地下管线设置在道路正中央，从而有效减少了对原有树木的破坏。

图 5-14　改造后现状景观（宛平路）　　图 5-15　改造后现状（镇江大西路）

5.2　栽植技术

树木栽植是一项时效性很强的系统性工作，其准备工作的好坏直接影响工程的进度和质量，影响树木栽植成活率及其后期的生长发育，影响设计效果的表达和生态效益的发挥。栽植时间由苗木本身的生理状态和外界环境条件来决定，园林树木的栽植，尽可能选择在易于栽植成活的季节进行。明代的《种树书》载有"种树无时唯勿使树知"之说，即在休眠期进行栽植。从树木种类看，落叶树种以晚秋和早春栽植最为适宜，常绿树种的栽植，在南方冬暖地区多选择秋季栽植，或于新梢停止生长期进行。从树种生理特点看，春季发芽早的树种要早栽，发芽迟的树种可以适当延后栽植，《知本提纲》中所言"春栽宜早，迟则叶生"，伤流树种，如枫杨等应在萌芽后、展叶前进行栽植。

5.2.1 现场处理

针对道路绿化，栽植设计过程中应对场地进行踏勘和分析，记录与评价场地的种植空间、道路走向、架空线、交通标志、公共设施、建筑物和光照等地上影响因素，了解和分析场地的市政管线、土壤质地、地下水位高度等地下影响因素。综合分析场地的实际情况和设计方案的可行性，及时调整树种与场地的矛盾。

针对广场绿地，在栽植设计环节也应进行场地踏勘和分析，只是侧重点有所不同。地上影响因素还应考虑现有植被、高压输电线、地面覆盖等情况，地下影响因素还需考虑栽植场地是否为地下顶板的上方，合理确定土壤厚度和最大荷载量。

有资料显示，90% 的树木生长不良与土壤有关。退化的城市土壤环境在很大程度上导致树木生长不良甚至死亡。此外，病虫害问题也很突出。[6] 因此，施工前根据现场情况进行土壤改良十分必要。时间方面，土壤改良可以分为栽植前改良和栽植后改良；功效方面，栽植前的土壤改良更重要，直接影响苗木长势甚至是成活率。

5.2.2 土壤质量

绿化种植土壤应具备常规土壤的外观，有一定疏松度、无明显可视杂物、常规土色、无明显异味。除非有地下空间、屋顶绿化等特殊地带，绿化种植土壤有效土层下应无大面积的不透水层，否则应打碎或钻孔，使土壤种植层和地下水能有效贯通。污泥、淤泥等不应直接作为绿化种植土壤，种植土壤中应没有明显的建筑和市政垃圾。花坛用土或用于种植对土壤病虫害敏感的植物的绿化土壤宜先将其进行消毒处理后再使用。

盐碱土必须进行改良，达到脱盐土标准，即含盐量小于 1g.kg^{-1}，才能栽植植物。粘土、砂土等应根据栽植土质量要求进行改良后方可栽植。栽植喜酸性植物的土壤，一般要求 pH 值 6.5 以下，常见的有杜鹃、山茶、油茶、马尾松、石楠，以及大多数棕榈科植物等。栽植中性植物，要求土壤 pH 值在 6.5 ~ 7.5 之间，大多数植物属于此类。栽植耐盐碱植物，对土壤 pH 值要求不严，碱性土中生长较好的植物，常见的有海滨木槿、柽柳、紫穗槐、白榆、加杨、桑、杞柳、旱柳、苦楝、臭椿、刺槐、黑松、皂荚、国槐、白蜡、杜梨、乌桕、合欢、枣、杏、侧柏等（表 5-4、表 5-5）。

绿化种植土壤有效土层厚度要求 （《绿化种植土壤》 CJ/T 340—2016） 表 5-4

植被类型		土层厚度/cm
乔木	直径≥20cm	≥180
	直径＜20cm	≥150（深根）；≥100（浅根）
灌木	高度≥50cm	≥60
	高度＜50cm	≥45
花卉、草坪、地被		≥30

绿化种植土壤主控指标的技术要求 （《绿化种植土壤》 CJ/T 340—2016） 表 5-5

主控指标				技术要求
1	pH	一般植物	2.5：1水土比	5.0～8.3
			水饱和浸提	5.0～8.0
		特殊要求		特殊植物或种植所需，并在设计中说明
2	含盐量	EC值（ms/cm）适用于一般绿化	5：1水土比	0.15～0.9
			水饱和浸提	0.30～3.0
		质量法（g·kg⁻¹）适用于盐碱土	基本种植	≤1.0
			盐碱地耐盐植物种植	≤1.5
3	有机质（g·kg⁻¹）			12～80
4	质地			壤土类（部分植物可用砂土类）
5	土壤入渗率（mm/h）			≥5

常用的土壤改良方法包括施肥、深翻、打孔、pH 值调节、砂土掺黏土、黏土掺砂、客土栽植等。具体的改良技术，本书第 4 章已有详细介绍。

5.2.3 苗木质量

苗木的质量和规格是确保施工效果的根本，宜选择根系发达、粗壮通直、根冠比适当、干性强、树形优美的高质量苗木（图 5-16、图 5-17）。无论何种设计概念，都需要通过植物材料体现，园林景观是靠植物体现出来的。[7] 因此，栽植前要根据设计要求和操作规程对苗木规格、冠型等进行认真分析。

上海迪士尼乐园项目中，苗木供给的技术标准强调了对不同冠型的要求，包括具有单一主干的树种，主干大约在树的中线处，其中心偏离角度应小于 15°。而对于具有多分枝的树种，则重点突出了对树木冠型层次结构的要求：树干初、次

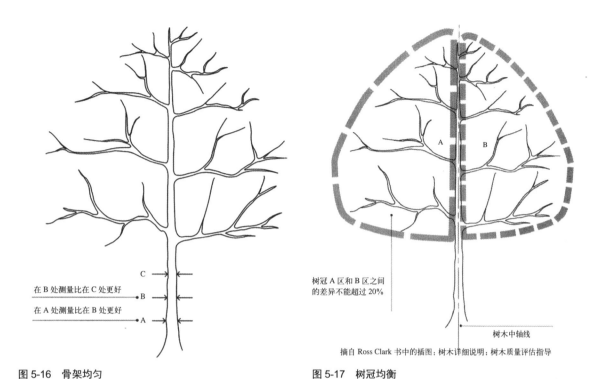

在 B 处测量比在 C 处更好

在 A 处测量比在 B 处更好

图 5-16　骨架均匀

树冠 A 区和 B 区之间
的差异不能超过 20%

树木中轴线

摘自 Ross Clark 书中的插图：树木详细说明：树木质量评估指导

图 5-17　树冠均衡

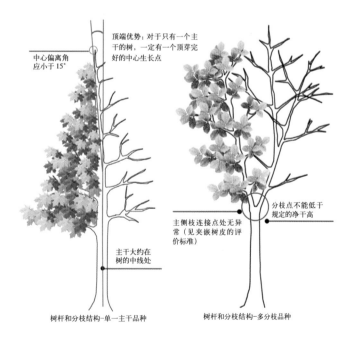

B 处的直径必须比 C 处的大

A 处的直径必须比 B 处的大

摘自 Ross Clark 书中的插图：树木详细说明：树木质量评估指导

图 5-18　分枝结构合理

顶端优势：对于只有一个主
干的树，一定有一个顶芽完
好的中心生长点

中心偏离角
应小于 15°

主干大约在
树的中线处

树杆和分枝结构-单一主干品种

分枝点不能低于
规定的净干高

主侧枝连接点处无异
常（见夹嵌树皮的评
价标准）

树杆和分枝结构-多分枝品种

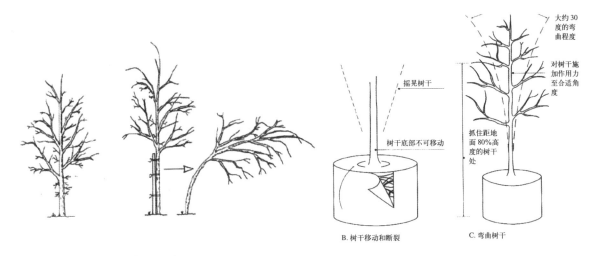

B. 树干移动和断裂   C. 弯曲树干

图 5-19　无支撑情况下树木直立示意图

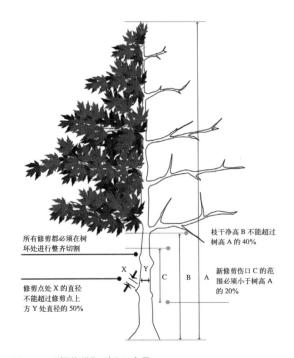

所有修剪都必须在树
环处进行整齐切割

枝干净高 B 不能超过
树高 A 的 40%

新修剪伤口 C 的范
围必须小于树高 A
的 20%

修剪点处 X 的直径
不能超过修剪点上
方 Y 处直径的 50%

图 5-20　"螺旋梯"型分干布局

级分枝发育完全，即初级分枝、次级分枝粗度递减，分枝结构合理，逐渐呈现塔型结构（图 5-18），树型均衡，绝大部分应对称，没有大的空隙。

同时，要求胸径大于 35cm 的树木应当可在没有支撑的情况下直立（图 5-19）。

国际树木学会（ISA）经过长期的研究、探讨，形成了一套树木规格标准，包括中央主干、活冠比、强接枝、"螺旋梯"型分干布局、"干粗收窄"树形以及根部系统等（图 5-20）。其通过对活冠比的量化强调了对树木安全的要求，并要求树木的活冠比达到 60%。"活冠比"是指有叶片的枝条的高度与整株树木自然高度的比例，达到 60%"活冠比"的树木，通常会有超过 50% 的叶片长于 2/3 的下部分枝干，树冠形状如泪滴，有利于树木结构抵御强风。

根据上海市的地理位置和城市环境特点，选择苗木时应注重树木冠型饱和度和树干通直度，而不是单纯强调树干的粗度。冠型饱满、圆整、分枝合理、树干通直、健壮、无病虫害的优质容器苗是上佳的选择。从树木特性来看，落叶树的苗木分枝点高度应在 3.2m 以上，有 3 ~ 5 根粗细一致、分布均匀的一级主枝；常绿树的苗木应基本保持树冠原有形态，分枝点高度应大于 2.8m，蓬径 2m 以上。从道路等级和生长速度来看，主干道上的速生树胸径应大于 15cm，慢生树应大于 10cm；次干道上的速生树应大于 10cm，慢生树应大于 8cm。在城市绿化中不提倡栽植胸径大于 25cm 的大规格树木。

5.2.4　苗木栽植

栽植工作是一项系统性工作，主要程序包括：挖树穴（带）、苗木起挖、包裹、装运、修剪、栽植、栽后管理等环节。

（1）挖穴

对树木而言，树穴规格越大越好，具体以容纳植株的全部根系为标准，纵向避免栽植过浅，横向上以避免窝根为宜。其具体规格应根据根系的分布特点、生长速度、土层厚度、肥力状况、紧实程度及剖面是否有间层等条件而定。树穴的直径一般比根的幅度或土球直径大 30 ~ 40cm，深度一般比土球厚度深 15 ~ 20cm。在特别贫瘠或者紧实的土壤中，树穴应更大些。

需要注意的是，树穴或者连接带的形状要上下大体垂直，不能挖成锅底形或 V 字形。同时，肥沃的表层土壤与贫瘠的底层土壤应分开放置，除去所有的石块、瓦砾和妨碍生长的杂物。贫瘠的土壤应换上肥沃的土壤或掺入适量的优质腐熟有机肥，如果土壤特别贫瘠应进行土壤更换。同时根据栽植场地地下水位情况，做好排水工作。

（2）起苗

把树木从土中挖出称为起苗，按苗木带土与否，分为裸根起苗（落叶乔木）和带土球起苗（常绿乔木）。[8] 苗木的挖掘过程是一个对树木伤害的过程，因此在挖掘时应尽可能多地保护根系，特别要保护较小的侧根，以便栽植后加快树木的恢复速度。根据苗木根系是否外露，可以分为裸根苗挖掘和土球苗挖掘（图 5–21）。

图 5-21　带土球挖掘

各项工作准备好之后，即可根据要求进行选苗并开始挖掘，选苗标记最好结合方位，如在苗木主干较高处（仰角 15°）的正北或正南方标记"N"或"S"，以便按原来的方向栽植。挖掘时，一般要求根系长度和土球直径是树木胸径的 6 ~ 12 倍，树木规格越小，倍数越大，反之则越小。若依地径也可以按以下公式进行计算：土球直径（根系长度）=5×（地径 −4）+ 45。[9] 若地径超过 20cm，则以 2π 倍计算，土球高度一般为直径的 2/3，若是主根系明显的树种，如香樟，挖掘时土球高度可以超过土球直径。

（3）修剪

栽植前要通过修剪使树木上下部分保持均衡[10]，主要包括对树冠和根系的修剪。可以通过疏枝、短截、回缩、长放、去弱留强或梳强留弱等方法进行树冠修剪。在保持树木冠型的情况下，对萌发力强的树种可以适当强修，常绿针叶树不宜多修，用作行道树的树木要保留合适的分枝高度，珍贵树种尽量少修。对大于 5cm 的伤口应进行保护处理，减少树体的创伤面。根系的修剪主要是将断根、劈裂根、病虫根和卷曲的过长根剪去，以便栽植后能够加速根系恢复。

（4）栽植

指将树木从一个地点移植到另一个地点，并使其继续生长的操作过程（叶要妹，包满珠 . 2001）。栽植是否成功，既要看栽植后树木能否成活，也要看栽植后树木生长发育的能力是否强劲。

树木栽植深浅因树木种类、土壤质地等的不同而不同。一般来讲，根系萌发能力强的树种，如悬铃木、香樟等可适当深栽；榆树（Ulmus pumila）可以浅栽；如栽植树穴土壤黏重、板结，则应浅栽；土壤质地轻松可深栽；若土壤排水不良或地下水位过高应浅栽；土壤干旱、地下水位低应深栽；坡地可深栽，平地和低洼地应浅栽，甚至需抬高栽植。此外，栽植深度还应注意新栽植地的土壤与原生长地的差异。如果树木从原来排水良好的立地移栽到排水不良的立地上，其栽植深度应比原来浅 10cm 左右。

北魏贾思勰的《齐民要术》中记载："凡栽一切树木，欲记其阴阳，不令转易（方位）"。主干较高的大苗木，栽植时应保持树冠原来的朝向。因树干和枝叶生长方向不同，其组织结构的充实程度或抗性也存在差异。朝西北向的枝干结构坚实，夏季容易遭受日灼危害。此外，阴阳面的树叶也存在差异。若无冻害或日灼危害，应尽量把观赏价值高的树冠面朝向主要视线。栽植时除特殊要求外，树干应垂直于东西、南北两条轴线。

对于裸根苗，栽植前如果发现失水过多，可将植株根系放入水中浸泡 10 ~ 20h，待充分吸水后栽植。栽植前先检查坑的大小是否与树木根系和根幅相适应。如果树穴深度过浅要加深，并在坑底垫 10 ~ 20cm 的疏松土壤，踩实以后栽植，以保证根系舒展，防止出现盘根的现象，具体栽植技术可以按照"三埋两踩一提苗"进行操作。而带土球的苗木，常规技术是将其小心地放入事先挖好了的树穴内，其方向和深度与裸根苗相同。所有栽植方向和深度的调整都应在包扎物拆除之前进行。如果土球没有破裂的危险，应将包扎物拆除干净。拆除包装后不应再推动树干或转动土球，否则根土会发生分离。与裸根苗栽植方法相比，带土球栽植不用进行提苗，但同样要分层填土、踩实。

对新栽树木要采取加固措施，主要目的是为了保护树木不受机具、车辆和人为的损伤，固定根系，防止被风吹倒，以保持树木的直立状态。《战国策》一书曾经说："柳纵横颠倒，树之皆生，使千人树之，一人摇之，则无生矣"，明代的《种树书》也有载："凡栽树，仍多以木扶之，恐风摇动其巅，则根摇，虽尺许之木亦不活；根不摇，虽大可活，更茎上无使枝叶繁则不招风"之说。在对影响墨尔本城市的 21 个树种、510 棵树木长势的调查中发现，树体不稳占 42%、日灼损伤占 12.5%、树干损伤占 8%、共显性茎占 5%、存在徒长枝占 12%、种植太深占 12%，说明栽植后支撑的重要性。通常情况下，胸径超过 5cm 的树木，特别是裸根种植的落叶乔木，树冠较大、枝叶较多而又不宜大量修剪的常绿乔木，以及受台风影响较明显的地区或风口处栽植的大树，均应采取加固措施。

从形式上看，支撑可以分为两类：一是桩杆式支撑，其依支架物的数量可分为单柱形支撑（图 5-22）、扁担形支撑、三角形支撑（图 5-23）、四柱形支撑等，依支撑的姿态又可分为直立式、斜撑式；二是牵索式支撑。一般来讲，单柱形支撑最为常见，多采用直立形式，所占空间较小，外观灵活多变，对行人影响较小，适合大部分新栽乔木，在当地盛行风向一侧向外倾斜 5° 埋设；扁担形支撑多用于绿地内新栽的小乔木，如桂花（*Osmanthus fragrans*）、海棠等，一般在离地面 1m 高处主干内侧架设一根水平横档，与树干、树桩绑扎牢固即可，此种方法可以有效避免因灌溉浇水而造成的树体倾斜；对于风口处的树木或者新栽大型乔木多采用三角形支撑或四柱形支撑，其支撑高度一般为树干的 2/3 处，支柱与地面成

图 5-22　单柱形支撑

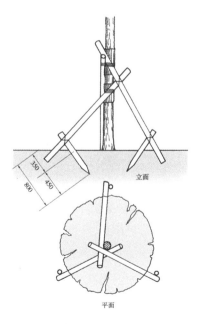

图 5-23　三角形支撑

45°～60°的夹角较好，在树桩绑扎时应注意三角桩的一根、四桩的一边必须设在主风方向的迎风面，其余均匀分布，此种支撑力度大、效果好，但较为费时耗材。牵索支撑加固位置灵活，效果较明显，适合于新种在风口处的树木，或者较宽的隔离带内的树木。牵索支撑架设程序烦琐，容易给行人或市民带来潜在的危险，应尽量少用。在应用时，应对牵索加以防护或设立明显的简单标志，如在线上涂以红白相间的油漆，以引起行人的注意。需要注意的是，无论是桩杆式支撑还是牵索式支撑，在使用时，支柱与树干接触的位置要用柔性材料包裹，以免造成树体的摩擦损伤。

由于地处沿海，每年都受台风影响，加之城市车流人流较多，为了减少支撑对行人的影响，上海市绿化部门研发了根基地锚。根基地锚是埋在地下作为树干的承载桩，由锚定件和连接件组成，锚定件是由锚头、锚体、锚尾组成，连接件包括手柄和手尖，锚尾、手柄和手尖依次连接，手尖固定植物根部，该物件抗力较强，节省地面空间，安装和取出简单方便，可重复利用（图5-24）。

说明：
1——锚头；　　　　2——锚体；　　　　3——上下旋转杆；　　　4——螺母；
5——连接件；　　　6——上下旋转杆；　　7——压条；　　　　　8——手尖；
L_1——锚定件长，mm；　L_2——手柄长，mm；　L_3——手尖长，mm；　h_1——管壁厚，mm；
D_1——锚定件直径，mm；D_2——手柄直径，mm；D_3——手尖直径，mm。

图5-24　地锚示意图

（5）大树栽植

有时，由于重大工程或者其他工程特殊要求，为了尽快发挥树木的造景效果，会在特殊的时期（主要指高温）或特殊的地点（立地条件差），对特殊的树木（主要是指大规格的树木，胸径20cm以上的常绿乔木或胸径25cm以上的落叶乔木）进行栽植。大树栽植能在最短时间内改善景观质量，较快发挥园林树木的功能效益，及时满足重点工程、大型市政建设绿化与美化等要求。

影响大树移栽成活的因素主要有：大树年龄大、发育阶段老、细胞的再生能力较弱、挖掘和栽植过程中损伤的根系恢复慢、新根发生能力差。因此，大树移栽前首先要做好移栽前的准备工作，移栽时所带土球应具有尽可能多的吸收根群，提前对移栽树木进行断根缩坨，提高移栽成活率。其次对移栽大树的树种、树龄、干高、胸径、树高、冠幅、树形、土壤及周围情况等进行测量记录；在挖掘时土球尽可能大，运输装卸时提倡用机械作业，减少人为损伤；植穴应尽可能偏大，尽量采用带状栽植或使用配方土，以增加土壤的透气性，同时做好树体支撑工作。若是条件允许可以进行树体输液。

（6）反季节栽植

影响栽植成活的因素除了树木规格外，气温也是一个重要的因素。在高温天气下栽植要想达到预期的效果，要遵循"提早准备，措施到位"的原则，采取带土球栽植，尽可能多地保留根系，在运输、栽植后及时采取补水措施，必要时搭遮阴棚。栽植尽可能选择在雨天或者傍晚进行，对栽植地进行必要的土壤改良。

在极端天气栽植时要把握几个关键：一是控制失水，最大限度地保持水分代谢平衡，如可以对树体进行保湿，树穴及时覆盖；二是根系恢复正常的吸收功能是大树移植成功的标准；三是栽植后应以养根为主，地上服从地下，逐步达到根冠平衡。同时，在条件允许的情况下，可以采取以下措施：一是使用抗蒸腾剂以减少叶片失水，提高栽植成活率和促进树木的生长；二是使用表面活化剂或湿润剂，使水能较快而均匀地渗入土层，驱散土粒之间的空气，使水能自由地通过，含有表面活化剂的水，容易湿润土壤粒子的大表面，并很快被土粒吸收。

对于特殊立地条件，如高度硬化的广场或者高密度人流的地方，除了苗木标准要高之外，其在栽植时应扩大地下空间，最好有 $3m^3$ 的良好土壤，硬化表层最好采用透水透气性铺装，树穴周边采用配方土进行栽植，使树木的地下空间保持连通，具体方法参照第 4 章。

5.2.5 栽后管理

树木栽植以后便进入了一个新的生长环境和周期，根系与土壤的密切关系遭到了破坏，根系对水分的吸收表面减少了。此外，根系受损后，距离发出较多的新根还需要经历一定的时间。若不采取措施，迅速建立根系与土壤的密切关系，以及枝叶与根系的新平衡，树木极易发生水分亏损，甚至死亡。因此，栽植之后要及时开展水分管理、施肥以及病虫害防治等栽后管理工作。

（1）筑堰与水分管理

树木在完成立支架之后应沿树坑外缘开堰，通常堰埂高 20cm 左右，用脚或铁铲将埂夯实，以防浇水时跑水、漏水。浇水的频率取决于土壤类型、树木规格以及降水量、降水频率等。通常在树木栽植后要连续浇 3 次水。在浇水之前最好在土壤上放置木板或草帘，以减少水对土壤的冲刷，浇水时，水量要足，速度要慢，浇至根层土壤湿润，即做到小水灌透。第一遍水为"定根水"，浇完水后，应检查树堰内有无跑水、漏水情况，如有应及时填土，并将歪斜的树木扶直。在无自然降雨的情况下，隔2～3天浇第二次水，再过5～7天浇第三次水（图5-25）。

浇水时应注意把握浇则浇透，但不能过度浇水的原则，浇不透则只能湿润地表几厘米内的土层，诱使根系靠地表生长，降低树木抗旱和抗风能力；若过度浇水，不但赶走了根系正常发育的氧气，影响生长，而且还会促进病菌的发生，导致根腐。大雨、暴雨或汛期内，树穴内若有积水应及时开沟排除，特别是肉质根系的树木，避免因积水造成根系腐烂死亡。

图 5-25　栽植后浇水

（2）病虫害防治

如前文所述，栽植的过程其实是对树木破坏的过程，栽植后大部分树木长势偏弱，此时正是病虫害容易入侵的时候。因此，对新栽树木必须要加强病虫害的监测与防治。本书第7章将做详细讲解。

5.3　设施与材料

设施与材料是绿化营建的要素之一，与植物一样，也有色彩、形状、质感的区别，而且经久不变。若运用合理不但可以促进植物健康生长，提高树木长势，也可以提高景观效果。因此，选择树木的铺设材料很重要。从材质看，一般分为两大类：一类是天然石材，如砾石和石板；另一类是合成材料，如砖和预制水泥。设施与材料种类很多，不同场合的应用各有千秋。选择得好，既少花钱效果也佳。近年来，上海市绿化部门结合海绵城市建设，开展课题研究，研发出了园林废弃物生态透水材料和组合式树穴盖板。同时，结合项目还在上海市部分区和绿地、道路进行示范试点，取得了良好的效果。

5.3.1 铺装设施

铺装是城市树木的重要附属设施之一，其最主要的表现形式就是树穴盖板及周边铺设。树穴盖板的铺设除了方便日常养护作业、保护行道树外，还起到美观的作用。在选择盖板时应遵循"二适、三利、五标准"，其中"二适"为根本，即要做到适穴适板和适板适穴；"三利"为原则，所谓"三利"是指盖板应该利树、利人、利景，即要有利于树木的生长，有利于行人及车辆通行，有利于提高行道树的景观美景度；"五标准"为选择依据，即选择树穴盖板时应以盖板的耐用性、经济性、美观性、生态性、方便性为标准。

通过对上海市 111 条道路现场调研，发现目前本市行道树树穴盖板按材质分可以分为以下几种：铸铁盖板（铁质）、复合材料盖板（塑料质）、水泥盖板、石质盖板、木质盖板、砖陶质盖板（土质）、植被覆盖、生态型盖板、玻璃钢质盖板以及其他材质盖板，其中以水泥盖板、石质盖板居多，其次是复合材料盖板；按盖板形状可以分为方形（包括正方形、长方形等）、圆形、不规则形盖板等（表 5-6）。

上海市树穴盖板主要类型及特点　　表 5-6

特点\类型	铸铁	复合材料	水泥	石质	木质	土质	其他
优点	铸铁盖板经久耐用、抗压能力非常强，不易变形，美观大气	色彩丰富，可以模仿铸铁形色，形式多样灵活，可做成各种图案，外形美观，易分割，价格相对较便宜，运输安装方便，且不易被盗	形式灵活，抗压能力较强，色彩丰富，维修方便，基本不受树穴规格及地形的影响，性价比较高	形式灵活，古朴大方，景观美景度较高；可以分为弹格石、透水石子、鹅卵石、水磨石、青石子等	形式较灵活，韧性、脚感较好，易分割，环保，运输铺设较方便	较耐用，外观美观古朴，透水透气性较好，运用形式多样灵活，砖型可以平铺，也可以竖铺，甚至是斜铺，根据需要还可以组成不同边纹的树池；陶粒可以单独覆盖性铺设，也可与其他盖板结合使用	随着科技的进步、新材料学的发展，树穴铺装也出现了多种材质，如玻璃钢、废旧回收材料资源化利用做的铺装
缺点	价格昂贵，运输安装不方便，不易分割，受树穴规格及地形影响较大，透气透水性差，且容易被盗	抗压能力稍差，易破损、变形、老化，空隙处易塞入垃圾	破损后易形成垃圾，且运输安装较费人工，更换较麻烦，透水透气性较差，显得生硬呆板，环保性欠佳。目前上海市的新型材料可以很好地弥补这一不足	弹格石整体弥合度欠佳；透水石子易破损，怕积水；鹅卵石盖板内的垃圾不易清扫，易散失，吸热易致使土壤温度过高而伤害行道树；板状石质盖板韧性欠佳，易断裂	耐用性欠佳，易腐烂、破损，尤其是在潮湿的环境中	其原料是泥土，对耕地或者土地有一定的破坏性，且价格较高，运输、铺设较费人工	

近年来，上海市绿化部门根据本市树木现场条件，研发出了组合式盖板（图5-26），组合盖板是通过围绕树干可调盖板和外围调节盖板组合而成。根据现场具体情况，通过数学模数（基数为125mm）及拼接方法形成的图案，树干可调盖板长边为375mm（125mm×3），短边为125mm（与外围调节盖板尺寸相吻合）。如果树干太大，可以在可调盖板短边处任意加调节盖板（125mm×125mm），这样使中心圆变成了较大的椭圆，如果树穴变大或变小，则增加或减少外围可调盖板的行数；如树干不在树穴中心处，则调节外围树穴盖板的位置。可以很好的做到材料的反复利用，降低维护成本。

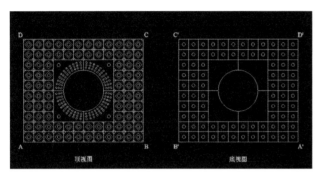
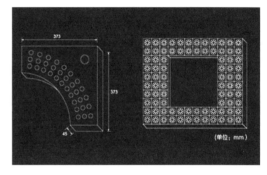

图5-26　树穴铺装

图5-27　透水材料

5.3.2　透水材料

　　海绵体园林废弃物混凝土是采用建筑废弃物（或其他粗骨料）、园林废弃物（木质纤维）、细骨料及胶黏材料（水泥）加水制作而成（图5-27）。通过材料的透水性和吸水性，解决了海绵城市建设中的两大问题：大气循环和雨水收集综合利用。大气循环是通过水分的汽化、液化和固化原理达到清洁空气的作用，缓解了城市的"热岛效应"，雨水收集综合利用是将雨水通过透水、净水、存水、用水、排水等系列流程，使雨水能够深入到地下，补给地下水。与其他透水材料相比，具有吸水性强、加工方便、可重复利用、耐久性强、衍生产品多样的特点。

5.4　林荫道设计与栽植

　　林荫道是规划红线内或规划通道控制线内，行道树绿荫效果显著、景观怡人的道路或更高通道。林荫道的主要景观载体是行道树，也可以理解为是行道树应用的更高级层次。因此，通过介绍林荫道的设计与树木栽植可以更好的更系统的理解行道树应用。

5.4.1 林荫道规划设计

新建、改建林荫道规划设计应体现绿色、低碳、宜人的理念。林荫道建设应从两个方面考虑其安全，一是道路规划设计应统筹考虑行道树对行人、自行车、公共交通和小汽车的交通安全要求，比如安全视距应满足相应规范要求；二是考虑行道树本身的安全要求，应选择耐修剪、抗风性强的树种，避免被风吹倒伤及行人及车辆，对于结果的树种应考虑落果对行人及车辆的安全问题。林荫道规划设计应贯彻海绵城市的发展理念，引导林荫道路的规划设计向林荫街区转变。新建、改建林荫道路应与周边用地有机融合，创造舒适、宜人的公共空间，道路绿化应结合道路新建、改建和扩建同步建设。为了塑造丰富的城市空间和文化内涵，林荫道的规划设计宜结合两侧的用地及建筑功能布局进行一体化设计。如道路两侧有绿化用地，道路绿化可结合绿地一同设置，丰富道路的景观及林荫效果；若两侧为商业建筑设施，道路可结合建筑后退一体化设置绿化、家具、小品及行人空间的生态性原则。新建、改建林荫道规划设计应利用道路板式的增加，以及分车绿带的加宽、增设进行绿化设计；道路绿化应保证分车绿带及道路两侧整体绿化景观良好，富有季相变化，并应与周边环境协调。行道树所选树种应适合上海的气候特点，具有较强的抗逆性及吸污、滞尘的功能；行道树树种的选择在满足一定的遮阴效果前提下，宜与道路绿化、道路两侧用地相协调，形成富有季相变化的良好景观。

（1）林荫道平面设计要求

中心城内环地区林荫道的道路绿地率中，干路应不小于 25%，支路及地面公共通道应不小于 20%；中心城内外环之间地区林荫道的道路绿地率干路应不小于 30%，支路及地面公共通道应不小于 25%；郊区林荫道的道路绿地率干路应不小于 35%，支路及地面公共通道应不小于 30%。林荫道的行道树应结合道路的分隔带、设施带和绿化带一同设计。两侧行道树之间的车行道宽度宜控制在 15m 以内；林荫道的道路平面应根据车行道分隔带的不同进行设置，双向三车道及以下的林荫道路宜选择单幅路，双向四车道及以上的林荫道路宜选择双幅路，机非分隔、双向三车道及以下的林荫道路宜选择三幅路，机非分隔、双向四车道及以上的林荫道路宜选择四幅路。规划林荫道主要以次干路、支路和公共通道等生活性地面道路为主；道路红线宽度（或通道宽度）宜采用 12m、16m、20m、24m、26m、28m、30m、32m、40m 等常用数值。

（2）林荫道植物选择要求

道路绿化应选择适应当地气候特点和道路环境条件，生长稳定，耐修剪，具有较强的抗风性、抗逆性和吸污、降尘功能，观赏价值高和环境效益好的植物种类。行道树应选择规格（高度、冠幅、胸径、分枝点等）基本一致，树木姿态良好，落果对行人不会造成危害的树种；行道树选择应以乡土树种为主，外来树种为辅；以乔木为主，合理搭配乔灌草比例；以落叶阔叶树为主，常绿阔叶树为辅。新建林荫道行道树种的选择应多样化，不宜再局限于香樟、悬铃木等少数几种上海地区使用频率已很高的树种。行道树胸径应在 10～18cm；具有 2 级及以上分叉；常绿树分枝点高度应在 2.8m 以上，落叶乔木分枝点高度应在 3.2m 以上；道路绿带应选择观赏性强、生长茂密、病虫害少和便于管理的植物种类。

（3）林荫道植物栽植要求

新建道路应根据道路规划相关要求，结合场地实际进行科学、系统的种植设计；已建道路可根据实际情况，采取补植、扩植、间植、换植等方式进行绿化提升设计。行道树种植应以绿化带种植为主，构筑以乔木为主体的乔、灌、草复合结构，形成物种多样、相对稳定的植物群落。行道树之间不能以连接带种植时，宜先种植后铺装，或必须预留 1.5m×1.5m×（1.0～1.2m）空间的栽植树穴。行道树之间宜采用透气性铺装路面。绿化带宽度在 1.5m 以上时，应以种植乔木为主，宜以乔、灌、地被相结合；绿化带宽度在 2.5m 以上时，宜设计成双排或多排行道树，配置花灌木、地被，组成复层结构。板式在两幅以上的道路可根据实际情况选择 2～4 种行道树树种；不同树种宜平行交叉栽植；双排及以上行道树不宜同时种植常绿树。机动车道两侧行道树的树冠不得搭接形成完全封闭的林荫空间。隔离带绿化高度在 0.6～1.5m 之间的植物应枝叶茂密，被人行横道或道路出入口断开的隔离带绿化，其端部应采取通透式配置。行道树间距应根据不同树种的规格和习性确定，大型乔木株距宜为 8～10m；中小型乔木株距宜为 6～8m。行道树应与路灯在间距模式上统一，合理布置。为保证道路行车安全，在道路交叉口视距三角形范围内和弯道内侧规定范围内种植的树木不得影响驾驶员的视线通透，保证行车视距，另外在弯道外侧的树木沿边缘整齐连续栽植，预告道路线形变化，诱导驾驶员行车视线。

5.4.2 林荫道建设示范

林荫道作为行道树的特殊形态，其在生态、社会、景观效益方面发挥着更为显著的作用，但其形成也需要较长的时间和严格的条件。林荫道作为城市树木的代表，不仅发挥着生态方面的功能，还体现着一个地区、一个城市、一条街道的历史文化脉络。为提高行道树林荫化程度和美景度，充分发挥行道树生态、景观和社会效益，上海自"十二五"以来，连续开展林荫道示范点建设，通过功能拓展、技术提升等途径探索林荫道创建过程中的养护措施、建设标准，完善绿化长效管理机制，营造良好的绿化生态环境，改善城市生态结构，降低热岛效应，减少交通噪声，优化我市道路环境面貌，拓展城市文化，以满足市民游憩休闲的需要，提供更好的出行环境，让城市生态更加宜人。

所谓林荫道是指规划红线（或规划通道控制线）内行道树绿荫效果显著、景观宜人的道路或公共通道。它有着明确的要求，根据绿化市容局最新修订的评定标准，林荫道应符合下列标准：人行道及非机动车道的绿荫覆盖率达 90% 以上，四车道以下的机动车道路绿荫覆盖率达 50% 以上，四车道及以上的机动车道路绿荫覆盖率达 30% 以上，或者应具有 4 排及以上且胸径大于 15cm 的行道树；道路应是一个完整的路段，原则上长度不小于 500m。

2012—2015 年间，林荫道示范项目分 3 批不同类型进行示范。一是"准"林荫道的提升。选择一批基本具备一定林荫效果的道路，探索通过减量化修剪、改善生境、规范化养护管理等途径加快达到林荫道创建标准，建成一批长势良好、景观优美、绿树成荫的林荫道，最大限度发挥其生态、景观和人文效益。二是养护技术的提升完善。探索行道树树种的筛选与应用，通过完善提升日常养护、土壤改良等手段，经 5 ~ 8 年养护管理使新建林荫道形成季相分明、品种多样的林荫景观。三是不同林荫道板式的完善。完善提升日常养护、区域土壤改良、行道树的筛选与应用，通过多年标准化养护管理，使行道树形成良好的林荫景观，使提升的道路在较短时间内尽早形成良好的林荫景观效果，达到林荫道创建评定标准。

（1）示范内容

一是"准"林荫道的提升：依据现有情况分为基本成型林荫道 5 条、可建成林荫道 7 条、新建林荫道。对衡山路、花溪路、瑞金二路、新华路和苏家屯路 5 条已基本具备林荫道条件的道路，实施绿化景观完善，主要工作包括：建立树木电子信息档案，记录胸径、树高、日常养护等信息；开展树木检查，包括病虫害、生长势，通过无损探测仪对树木进行检查，对于形成的树洞进行技术处理；开展树木的深根施肥；科学合理地进行树木修剪，修剪方式以平衡树冠为主；对树穴进行修复或更新，覆盖方式以生态型树穴为主；对路口、风口的行道树预设防台固定装置。对北京西路、枣阳路、昌平路、保德路、曲阳路、控江路和博兴路 7 条道路，通过提高树木生长势、引导树冠生长等方式，逐步引导建成林荫道，主要工作包括：加强树木施肥，促进树木生长；引导树木修剪，修剪方式以促进树冠生长为主；补种同规格带冠行道树，或视情况增加隔离带乔木；对树木的树洞进行修补；对路口、风口的行道树预设防台固定装置；优化树木周边环境。选择平型关路（汶水路—规划路），通过加强与市政规划工作衔接，做好道路林荫化设计，主要工作包括：因路、因地选择合适的树木品种和规格，行道树以落叶阔叶树为主，增加隔离带乔木；对道路沿线绿地土壤进行改良，对行道树树穴土壤进行改良；加强养护，采取扩大树冠的修剪方式。

二是养护技术的提升完善：根据对全市 16 个区的行道树现状情况的调查结果进行分析研究，在奉贤区、闵行区以及浦东新区 3 个区共选择 7 条不同设计板式、具有代表性的道路作为工程示范点。主要工作包括：4块板式道路行道树配置模式、林荫树种选择、行道树栽植、树穴土壤改良、树穴盖板覆盖等。有闵行区的园文路、园秀路，浦东新区的航城路。较宽路幅道路新建提升林荫道示范：原有条件达不到林荫道要求的路幅较宽道路新建提升。主要工作包括：机非隔离带增加栽植行道树、科学修剪、树穴土壤改良等。有奉贤区解放东路、泽丰路。完善并提升林荫道示范：对基本具备条件的道路实施维护提升。主要工作包括：树穴土壤改良、行道树更新补种、树穴盖板修补和人行道路面修复等。有浦东新区的明月路、李时珍路。

三是不同林荫道板式的完善：以改造提升为主的道路为江学路（文翔路—文诚路）。主要包括板式上的示范，都是三板四带式，以多排行道树为主，选择在机非隔离带种植新优树种，对树穴土进行土壤改良，更换部分长势差或者缺株的行道树，更换部分绿篱，对长势较弱的行道树进行复壮措施。主要有江学路（文翔路—文诚路）、卫清路（东平路—杭州湾大道）。以维护提升为主的道路，道路基本情况为一板式道路，主要的工作内容为悬铃木有少量缺株，需更换、补种，悬铃木枯枝烂头需修剪处理；树穴盖板需要更换；绿化附属设施整修；树洞修补；病虫害天牛、白蚁防治等。道路包括双庆路（宝杨路—永乐路）、牡丹江路（双城路—水产路）、华山路（镇宁路—江苏路）、愚园路（定西路—镇宁路）、运城路（广中西路—宜川路）。

（2）技术成果

1）新优树种应用。选取了一些适生新优行道树品种，如黄山栾树、黄连木、无患子、枫香、大叶樟、纳塔栎等，应用于林荫道示范点，拓展了上海市行道树种类，丰富了生物多样性。并整理收集了该树种的养护技术，为形成四季分明、景色优美的林荫道景观提供了很好的示范。

2）树穴土壤改良技术。在行道树种植前期，先对树穴土壤进行检查，测定土壤当中的pH、TN、TP、有机质等理化指标，从中判断树穴土壤的营养状况，结合上海土壤pH偏高、有机质含量偏低，在树穴中施加一定量的基肥：有机质或者山泥。对于已经成型的行道树，利用深根施肥技术对树穴土壤进行改良。

3）深根施肥技术。传统上，行道树一直以树穴覆盖法进行施肥作业，树木对肥料的利用效率较低，遇到雨天雨量较大时会造成肥料流失，对地表水形成污染。示范点利用深根施肥机，结合课题研究成果，推广和深化了深根施肥技术，在日常养护当中利用有机液态肥或液态化肥，根据根系吸收根分布范围对林荫道行道树进行施肥作业，具有操作简便、吸收效率好等优点。

4）天牛防治技术。结合日常养护中的修剪及药物进行防治，把握不同的时间节点，确定天牛的防治技术与方法。以悬铃木天牛防治为例，主要有以下几个方面：①加强养护管理，增强树木长势，提高树木抗虫能力，及时清除虫害木和衰老、风折、腐朽木，消灭树干内幼虫；②捕杀成虫：成虫盛发期，在晴天中午捕杀；③人工捕捉幼虫：于每年7月底至9月上旬，星天牛幼虫多在悬铃木韧皮部为害，人工捕捉是比较好的除虫方式，可以用铅丝将星天牛幼虫钩除。

5）机械化装备应用。在林荫道示范点项目实施过程中集合了一系列新优机械，在施肥和病虫害防护中，应用了深根施肥机。在已经初具林荫道效果的示范点中，应用登高车修剪，利用粉碎机对修剪枝条及枯枝进行粉碎，节省了人力，保障了安全，提高了效率，也提高了粉碎物的回收利用率。

（3）效益分析

1）经济效益：通过近 3 年林荫道示范点建设项目的实施，积累了一系列针对上海市区、郊区及不同板式道路的改建、新建办法，让具备一定绿量的行道树提前达到了上海市林荫道的创建标准。如在"准"林荫道提升示范点中的新华路、花溪路、苏家屯路、衡山路等，养护技术提升完善示范点中的明月路，不同林荫道板式的完善示范点牡丹江路、密山路、运城路、华山路、愚园路等。提高了创建道路的绿量，缩短了林荫道的创建时间，为创建林荫道节省了经费。

2）社会及生态效益：形成了日趋成熟的行道树养护技术体系，以尽快达到林荫道创建标准，增加了上海市行道树的绿量，提升了整体景观和生态效益，为降温、降噪、吸尘、增湿及对 PM$_{2.5}$ 的吸附起到了很好的效果。据数据统计，林荫对太阳光线的阻隔作用非常明显，一般道路阻隔太阳辐射近 65% ~ 75%，林荫道更加明显，对太阳辐射的阻隔达到了 96% ~ 98%，大大降低了紫外线对人的辐射，使人的体感舒适度得到了极大的提升。对气温的调节作用上，林荫道所测气温普遍比一般道路低，同样在太阳直射条件下，林荫道在当天气温达最高值时测得的温度和一般道路上午 10 时相当；当天所测温度，林荫道相比一般道路，在气温上降低了 3.5 ~ 4℃。

参考文献

[1] A·Bernatzky. 树木生态与养护 [M]. 陈自新，等，校. 北京：中国建筑工业出版社，1987.

[2] 王建军，严宝杰，陈宽民. 公路建设项目景观分析评价 [J]. 长安大学学报，2004，24（6）：47–50.

[3] 沈李强，郑善华. 城市行道树规划建设初探 [J]. 中国新技术新产品，2010，17：189–191.

[4] 王淑芬. 公路景观规划设计理论与方法研究 [D]. 北京：北京工业大学，2007.

[5] 范瑛，汪国圣. 结合景观路谈城市道路景观设计 [J]. 华中科技大学学报（城市科学版），2002，19（2），68–70.

[6] Phillip J.Craul. Urban Soil in landscape design. New York，1992.

[7] 钱又宇. 苗木是园林绿化的命根子 [J]. 园林，2008，4：18–19.

[8] 施定一，彭易兰. 绿地树木的移植调整 [J]. 园林，2008，2：73–75.

[9] 叶要妹，包满珠. 园林树木栽植养护学 [M]. 北京：中国林业出版社，2001.

[10] 徐仲秋. 园林绿化施工质量常见问题及处理方式 [J]. 科技风，2015，4：183–184.

06

第6章

树木养护

养护管理是提高城市园林绿化景观效果的重要措施，城市行道树要形成良好的生态景观，后期养护同样至关重要。"三分建设、七分养护"已成为行业的共识，适时合理的进行水肥管理、树木修剪、病虫害防治等养护作业，是确保城市行道树整体效果的有效途径。

6.1　肥水管理

合理的水肥营养是培育出长势旺盛苗木的基础，而我国多数地区绿化树木用水存在水资源短缺和严重浪费的矛盾。同时，在苗木培育、养护过程中，由于施肥方法的不合理，不仅苗木质量和肥料利用效率低，而且浪费资源、污染环境。[1]因此，探索树木需肥规律和精准施肥技术成了树木养护管理体系中亟待解决的问题。水分和肥料是树木生长发育的两大重要因素，水分胁迫、养分缺乏以及二者供应的不同步均不利于其生长。[2]合理的水肥管理有利于树木健康生长，反之，不但对树木生长发育不利，还将导致水肥资源浪费和环境污染[3]，有关这方面的研究已有相当长的历史。

6.1.1　养分管理

合理施肥是促进树木枝叶繁茂的重要措施，也是加速树木伤口愈合的有效手段。施肥的位置应最有利于根系的吸收，不同树种、土壤类型、立地条件有很大差别。一般来讲，施肥的水平位置应在树冠投影半径的 1/3 至滴水线附近，垂直深度应在密集根层以上 40 ~ 60cm，城市绿地内的树木可以参照上述做法。而行道树的条件比较复杂，上海市对 42 棵悬铃木根系分 3 个深度层次（0 ~ 30cm、30 ~ 60cm、60cm 以下）进行现场调查，分别对直径 2mm 及以下、2 ~ 10mm、10 ~ 20mm、20mm 以上的悬铃木根系进行统计，结果如表 6-1 所示。

行道树悬铃木各层根系分布情况　　　　　　　　　　　　　　　表 6-1

土层厚度＼根系直径	根数（条）			
	2mm以下	2 ~ 10mm	10 ~ 20mm	20mm以上
0 ~ 30cm	4468	52	10	5
30 ~ 60cm	2929	43	14	9
60cm以下	561	46	9	4

从上表可以看出，悬铃木的微根主要分布在 0 ~ 30cm 以内，并且主要分布在树穴范围内。因此，城市行道树施肥深度应控制在 30cm，而横向位置应尽可能在树穴外缘进行。

一般来讲，土壤施肥必须注意三个问题：一是不要靠近树干基部；二是不要太浅，避免简单地地面喷撒；三是不要太深，一般不超过 60cm（图 6-1）。目前施肥中普遍存在的错误是把肥料直接施在树干周围，这样做不但没有好处，有时还会引起伤害，特别是容易对幼树根颈造成灼伤。常见的施肥方法包括穴状施肥、打孔施肥、微孔释放袋施肥、叶面施肥、树木注射、营养钉（棒）等。随着技术的进步，控释肥、微生物肥料发展迅速，且表现良好，具有很好的应用前景。

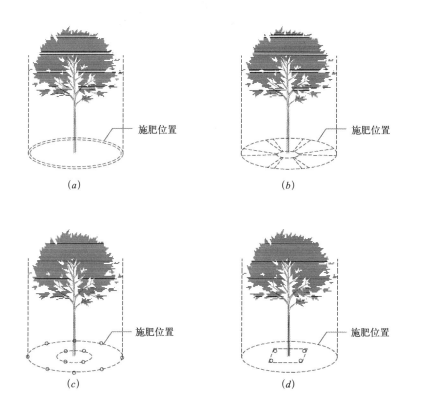

图 6-1　施肥位置示意图
(a) 环状沟施；(b) 辐射状沟施；
(c) 穴状沟施；(d) 点状沟施

针对上海行道树现状，上海市绿化部门提出并研制了一种使用便捷、省力的移动式多功能深根施肥机，可一次性满足较大面积园林树木的深根施肥，以及对其树冠进行喷药的需要，解决了国外引进同类机械体型较大、施用药液流量无法控制以及施肥杆施用下压动力等问题，大大降低人员操作劳动强度，同时节省材料，提高施肥效率，这一新型施肥机械获得了国家新型实用专利，较国外同类机械具有很大的优势（图 6-2）。

近年来，除了传统的施肥方法以外，对绿化植物废弃物的利用也是补充土壤养分的有效途径。绿化植物废弃物主要是指园林植物自然凋落或人工修剪所产生的植物残体，包括树叶、草屑、剪枝等，主要成分是木质纤维。这是一种模拟

图 6-2　新型深根施肥机

自然界树木"落叶归根"的养分补充方式。其中，绿化植物废弃物堆肥作为改良基质用于土壤改良是目前比较认可的做法。通过分拣、粉碎、预处理和发酵等工艺流程，将绿化植物废弃物加工成有机肥料和土壤调节剂，可以比较快速的补充土壤的营养元素和有机质，调理 pH 值。[4] 研究已经表明，有机废弃物堆肥在给植物提供营养的同时，也可以起到增加水分渗透和持水力、减少蒸发、抑制杂草等多种作用。[5, 6] 另外，有机覆盖物可比裸地增加土壤含水量 35% 至 2 倍以上。[7, 8]

6.1.2　水分管理

大多数城市树木立地条件较差，土壤表面硬化面积大，雨水被市政管网迅速排除，水分循环被打破，因此，大部分城市树木需要灌溉，特别是北方。然而，与花卉等草本植物相比，大多数树木具有一定的抗逆性、适应性和反应滞后性，浇水工作往往被忽略。正确的浇水时期不是等树木在形态上已显露出叶片卷曲等缺水症状时才进行灌溉，而是要在树木未受到缺水影响之前进行。用测定土壤含水量的方法确定具体灌水时间，是较可靠的方法。一般情况下，当根系分布的土壤含水量低至最大田间持水量的 50% 时，就需要补充水分。最适宜的灌水量，应在一次灌溉中，使树木根系分布范围内的土壤湿度达到最有利于树木生长发育的程度。只浸润表层或上层根系的土壤，不能达到要求，且由于多次补充灌溉，容易引起树木根系向上生长、土壤板结等不利现象，因此，必须一次灌透。在灌溉时要注意以下事项：一是要适时适量灌溉；二是干旱时追肥应结合灌水；三是生长后期适时停止灌水；四是灌溉宜在早晨或傍晚进行；五是重视水质分析，不应含有泥沙和藻类植物等。事实上，随着机械、肥料技术的不断进步，尤其是液态肥的不断进步，行道树浇水工作可以和施肥工作有机结合起来。

6.2 修剪技术

修剪是城市树木管理的必然选择，最终的结果取决于修剪哪里、何时修剪、怎样修剪和修剪的目的。通过合理适度的修剪，可使观赏性树木的主干达到理想的高度和粗度，创造各种艺术造型，达到促进树木整体生长和抑制局部生长的作用，以提高园林树木个体及群体的生态效果。[9] 修剪是园林树木栽植及养护中经常性的工作之一，是调节树体结构、恢复树木生机、促进生长平衡的重要措施。[10]

6.2.1 修剪目的与原则

（1）修剪目的

1）消除隐患，降低风险。通过修剪，可以将枯枝烂头、病虫枝等修除，平衡根冠比，降低重心，控制高度，提高树冠通透性，减弱台风侵袭时的受风阻力，降低树木倒伏风险。

2）平衡树势，促进生长。通过修剪，可以调整树形、均衡树势，平衡树木的根冠比（图6-3），扩大绿量，调节肥水分配以促使树木生长旺盛。另外，通过修除病虫枝叶可以有效减轻病虫危害。

图6-3 平衡根冠比

3）减轻污染，缓解矛盾。通过修剪，可以去除悬铃木果球枝，使新生枝条营养充足，减少果毛对环境和行人的干扰。此外，通过修剪可以缓解树枝干扰架空线、遮挡公共交通标志、影响居民采光等矛盾（图6-4、图6-5）。

图6-4　通过修剪缓解与居民的矛盾

图6-5　通过修剪缓解与交通标志的矛盾

4）扩大绿量，提升景观。通过对树冠不同枝条的修剪和取舍，能够扩大树冠面积，增加绿量（图6-6）。保持整条道路的行道树有统一的树形，达到提高道路景观效果以及扩大遮阴、增强透光的目的。

（2）修剪原则

1）因地制宜，按需修剪。树木进行修剪时需要根据树木的生长环境进行修剪。根据树木与建筑、管线、架空线的距离，道路的人流量、车流量，选择不同的修剪方式。

2）随枝作形，因树修剪。树木修剪应根据树木生长发育的习性和植株的实际情况实施。根据树种的分枝方式、冠型特点、顶端优势、萌芽特性等，选择不同的修剪方法。悬铃木等萌芽能力与愈合能力强的树种，每年可进行多次修剪。

图6-6　扩大树冠

3）层次分明，平衡修剪。修剪时要使枝组内部及枝组之间分布均匀。修剪时应尽量保持根冠比平衡，以及整个树冠内部的平衡，防止树木偏冠。

4）树龄不同，差别修剪。树木处于幼年期时，不宜进行强度修剪。成年期树木的修剪应扩大树冠或进行一定的造型修剪以提高景观美景度。衰老期树木修剪时应以强剪为主，以刺激其恢复生长势，并应利用徒长枝来更新复壮。

5）"七去五留"原则。"七去"就是剪除枯枝烂头、病虫枝、重叠枝、交叉枝、徒长枝、下垂枝、矛盾枝；"五留"，即保留好骨架枝、装饰枝、踏脚枝、营养枝、外向枝（图6-7）。

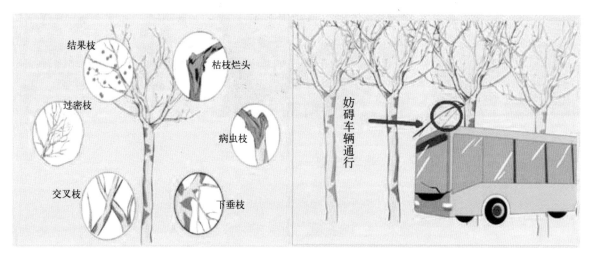

图6-7 "七去五留"修剪方式

6.2.2 修剪时间

树木修剪要根据不同树种、不同目的选择不同的季节进行。大致可分为休眠期修剪和生长期修剪两种。

1）休眠期修剪，又称为冬季修剪。一般在12月~翌年3月进行，围绕以下目标作业。

①树木骨架枝条的修整，整理树姿。

②调节树势，使枝条发育均衡。

③维持树冠的自然更新，使树冠发育饱满健壮。

④修除果球，减少污染源。一些树木，如悬铃木果球大部分宿存在树枝上，第二年3月下旬~4月初，果球散落的种子四处飞扬。通过修枝，可以去除果球枝，减少果毛污染。另外，通过疏除部分枝干，可使新生枝条营养充足，达到减少果球的目的（图6-8）。

2）生长期修剪，又称为夏季修剪。一般在4~7月进行，围绕以下目标作业。

①修除徒长枝，使树木生长健壮。

②预防台风暴雨侵袭，疏剪枝条，减少风害，保护居民的生命财产安全。

③预防病虫害。

图 6-8　减少果毛污染

6.2.3　修剪方法

（1）一般要求

　　树木修剪是对树木生长的人为干预，是对树木生理的外来刺激。树木受到刺激会改变原来的生长状况。因此，在动手之前必须预见到修剪的效果。如同工程施工一样，树木的修剪也有一套作业程序，在树木修剪目标确定之后，操作顺序很重要，直接关系到修剪的效果。修剪先后顺序可用三句话概括：先大后小、先上后下、先内后外。

　　先大后小：部分大枝应当首先截除，然后中枝、小枝。如果先剪中、小枝，最后从整枝要求看，大枝是多余的，再锯大枝，前面工作就归于无效。先上后下：从一棵树的修剪来看，应当先剪上部，后剪下部。主枝或侧枝修剪，要从枝条的顶部向下依次进行。先内后外：树冠的修剪，先剪腔内枝，后剪外围枝。

　　树木修剪对局部和总体的影响从现象上可归结为两句话："总体抑制，局部促进"和"总体促进，局部抑制"。

　　总体抑制，局部促进：树木经过修剪，失去了一定的枝叶量，对整体的生长起到抑制作用，减少了去除部分对养分的需求与消耗，促进其它的部位萌芽并抽生强劲的枝条。树木强修剪及复壮更新就是这样的过程。但是，也有将此过程误解为"树木越剪越旺"，而忽略了强修剪或连续修剪对树木的伤害。如果修剪强度过大，过于频繁，造成整株树木营养水平下降，树势得不到及时恢复，也会造成树木早衰。

　　总体促进，局部抑制：修剪的强度和部位不同，也可以收到总体促进、局部抑制的效果。对树木的枝条采取有选择地去除或是轻截，则会使留存的枝条或剪口下侧的芽强劲生长，增加枝叶量，光合作用的产物增加，整株树木营养充足，总体长势也就好了。日常修剪中去除弱枝、病枝，就是基于树木这样的生理过程。

（2）不同部位的修剪

城市树木的修剪看似简单，实则是一门技术活，每个枝条或部位的修剪，都要遵循树木的生长发育规律，并充分考虑周边环境和目的。不同的树种，由于生长习性不同，其顶端优势、萌芽力、成枝力有很大差别，采取的修剪方法也应有所不同；即便是同一树种因树龄、树势、栽培目的和功能不同，整形修剪的方法也不尽相同。例如，如果想平衡树势可采用"强枝短留，弱枝长留"的方法调节，或者反其道而行之。归纳起来，采用的方法可以概括为5个字："截、疏、放、伤、变"。常用的修剪技术包括疏枝、短截、长放和剥芽。

疏枝是指是把枝条从分枝点基部全部去除，主要是枯枝烂头、病虫枝、重叠枝、交叉枝、徒长枝、下垂枝、矛盾枝。通过疏枝，减少树冠内枝条的数量，调节枝条均匀分布，创造良好的通风透光条件，减少病虫害，使枝叶生长健壮。按疏枝强度可分为轻疏（疏枝量占全树枝条的10%或以下）、中疏（疏枝量占全树的10%～20%）、重疏（疏枝量占全树的20%以上）。疏剪强度依树木的种类、生长势和树龄而定。萌芽力和成枝力都很强的树木，疏剪的强度可大些；萌芽力和成枝力较弱的树木，要尽量少疏枝。新种树和小树一般轻疏或不疏（图6-8）。

短截是剪去一年生新枝或新梢的一部分，可增加分枝级数、控制枝条长度、调整树冠平衡、促进枝条增粗、控制树冠的形状和大小。根据短截的程度，可将其分为以下几种（图6-9）：一是轻短截，一般剪去枝条的1/4～1/3，截后单枝生长较弱，能缓和树势；二是中短截，一般剪去枝条的1/3～1/2，截后成枝力高，生长势强，枝条加粗生长快，一般多用于各级骨干枝的延长枝或复壮枝；三是重短截，一般剪去枝条的2/3～3/4，重短截对局部的刺激大，对全树总生长量有影响，剪后萌发的侧枝少，枝条的长势较旺，一般多用于恢复生长势和改造徒长枝。

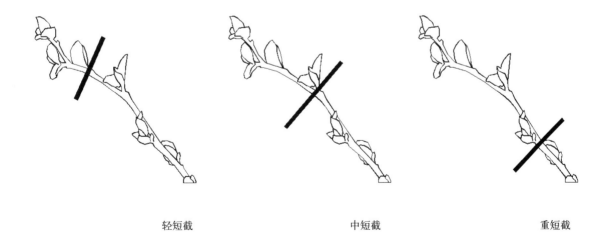

| 轻短截 | 中短截 | 重短截 |

图6-9 短截的类型

长放是对一年生枝条不进行修剪，任其自然生长。长放用于平生枝、斜生枝效果较好，但对小树骨干枝的延长枝、徒长枝不能长放；弱树也不宜多用长放。

剥芽是冬季修剪的一种补充形式，是将新萌发的芽或芽条及早除去。通过剥芽及时除去树木主干、主枝基部或大枝伤口附近萌发出的一些嫩芽，减少养分的消耗，改善光照与肥水条件，同时，还可减少冬季修剪的工作量和避免伤口过多（图 6-10）。

图 6-10　剥芽前后对照

另外，在修剪时要注意以下三个方面的事项：一是剪口应平整、光滑、不撕皮、不开裂（图 6-11）、不留短桩（图 6-12）。通常剪口向侧芽对面微倾斜，使斜面上端与芽尖基本平齐或略高于芽尖 1 ~ 2cm（图 6-13），下端与芽的基部大致相平或稍高。二是大枝的剪除。在修剪大型枝条时，应先在切口位置上方从下向上锯，再自上而下锯，卸下枝条的大部分重量，然后在切口位置修剪到位（图 6-14），或者在切口位置从下向上锯 1/3 深度，再从上向下把枝条锯下，应用这种方法时务必保证两次下锯的位置处于同一平面，否则易造成切口不平。大切口（直径 5cm以上）应进行防腐处理（图 6-15），可涂抹生桐油等。三是修剪后的管理。树木在修剪后，不但要涂保护剂，还要进行施肥灌水管理。因为树木在修剪后，枝条上大部分腋芽萌发会消耗大量的营养元素，只有施肥和灌水才能给树木补充养分，以满足生长发育的需求，使树木枝繁叶茂，达到美化、绿化的效果。

（3）不同树木类型的修剪要点

落叶树种的修剪一般在休眠期进行，即落叶后至早春萌芽之前，其中早春更为适宜。因为这时树液开始流动，伤口愈合最快。

有些树种会发生伤流，即剪口有树液流出，如杨树、槭树、桦木、梾木、胡桃等。伤流树种只能在树液压力最低时进行修剪，即在夏末和秋末，而不能在冬春季进行。

常绿树通常在晚春芽萌动前修剪。上海地区在 3 ~ 4 月进行。

针叶树一般不能在剪口处重发新枝，因此要注意保护主枝的顶端，以完整维

图 6-11　剪口平整

图 6-12　短桩

① 正确　　② 离剪口芽太近　　③ 离剪口芽太远　　④ 切口角度太斜

图 6-13　剪口芽的位置

正确

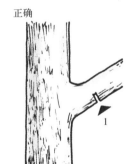　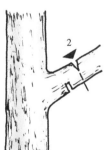　

图 6-14　大枝正确的剪除方法图

图 6-15　创面保护

护树形的优美，如雪松等。但这类树木的主枝头被折断或剪除，以下的侧生分枝发育强劲，可由此获得紧密丰满的树冠，如龙柏。

棕榈、椰树等树种不能损坏其顶芽，切勿去除，否则树木将会死亡。

6.2.4　常见树种的修剪技术

（1）悬铃木

悬铃木具有抗逆性强、耐修剪、可塑性好、成荫快等诸多优点，是上海最重要的行道树树种，是独具特色的城市名片。修剪是悬铃木养护的核心环节，是调节树木与环境关系，发挥树木生态、景观最大效益的重要手段。其大致可以分为开心型修剪和自然型修剪（图6-16）。

开心型修剪通常具有类似"三股六叉十二枝"（图6-17）基本骨架的树形结构。开心型修剪手法能有效防御台风，解决树木与环境矛盾的同时发挥遮阴功能，是悬铃木最常用的造型修剪手法。其主要适合新种独干树、小型树和中型树。

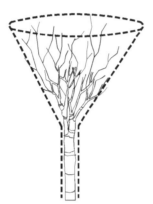

图 6-16　开心型修剪

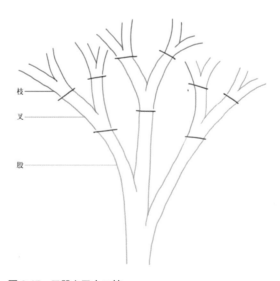

枝

叉

股

图 6-17　三股六叉十二枝

新种独干悬铃木，重点是均匀留好树干顶部 5 ~ 7 根强壮的枝条，作为一级骨架枝培养，如高度不统一可适当短截过高枝条，保持整体平衡。最终选定 3 ~ 4 根主枝作为一级骨架。当一级主枝足够粗壮时，在每根一级主枝 50 ~ 60cm 的高度各选留 2 ~ 3 根斜生枝作为二级主枝培育，以此类推培养下一级主枝（图 6-18）。小型树仍以培养基本骨架为主，重点掌握逐级培养的原则。在适当高度对主枝进行短截，保持树冠高度平衡，促使底层骨架枝更加粗壮。同时，多留外向枝条，使树冠的遮阴面积逐年增大。骨架枝对树冠结构起关键作用，故小型树阶段的修剪至关重要；中型树修剪以扩大树冠为主，根据"七去五留"的法则，使树冠圆整、丰满，呈现上疏、中密、下空的基本结构。

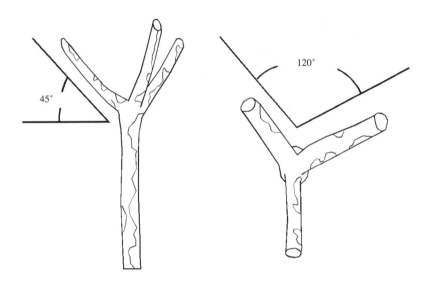

图 6-18 开心型培养示意图

自然型修剪。自然型修剪不按"三股六叉十二枝"的造型模式培养树形骨架，相对尊重树木的自然分枝模式。为了适应道路环境，并为可持续的养护创造条件，悬铃木必须在具有开心型树形二级以上骨架的基础上再实行"自然型"的修剪手法，该方法主要适合大规格行道树。

大型树以控制高度、解决矛盾为主。树冠中部剪除枯枝烂头、病虫枝、下垂枝，视立地环境和生长情况，对顶部枝条在统一高度进行短截。适当疏枝，多留外向枝条，增强遮阴效果。树冠成型以后只需修除与公共设施矛盾的枝条、枯枝烂头、病虫枝、过密枝、交叉枝及结果枝等。

（2）香樟

通过修剪可以明显改善香樟树冠内部的通风透光条件，减少病虫害（特别是煤污病）的发生，维护树体健康和道路景观；通过修剪，可以使香樟具有更加合理的树冠形态，控制净空高度，解决与公共设施的矛盾；通过修剪，可以使香樟具有更加稳固的分枝结构，有效抵御雪灾，减少枝条折损现象。其大致可以分为一级主枝形成期的修剪和一级主枝形成后的修剪。

一级主枝形成期的修剪。香樟作为行道树培育时，大都经历截干修剪，在主干切口附近呈轮状集中萌发较多的直立枝（图6-19），此时修剪的重点是在萌发的枝条中选择一定数量方向合理的枝条作为一级主枝培养。一级主枝需要择优选择，首先考虑枝条的健康状况和生长方向，要求枝条粗壮舒展、方向均匀。有时主枝分枝点离干顶的距离较远，最终主干顶部形成烂头，若不处理则无法愈合甚至形成树洞，从而影响树冠结构的稳固度，在遭遇台风或机械撞击时，此处便是一个脆弱的结点，很容易形成折损，所以必须尽早处理此类烂头，使分枝自然生长后在此处包裹最终愈合。

图6-19 香樟主切口易形成烂头

集中萌发的轮生枝需要修剪　　　　　树冠中部的烂头需要修除

一级主枝形成后的修剪。香樟一级主枝形成后，主枝上萌发了很多细小枝条，使树冠内部非常荫蔽，容易滋生病虫害，这些细小的枝条生长缓慢，需要较长时间才能完成自然整枝。为了扩大树冠，加快主枝形成速度，可以人工修除过密细弱的枝条，使树冠内部通风透光，使骨架枝逐渐粗壮起来，让枝叶伸展到更远的空间，改善树体的健康水平。有些香樟会长出许多下垂枝，使树冠无法满足净空高度的要求，需要通过修除下垂枝来逐步抬高树冠。

（3）黄山栾树

黄山栾树是叶、花、果均具观赏价值的行道树树种，其萌发能力较强，生长速度较快，遮阴效果较好，在上海的种植数量增长很快。黄山栾树在树冠形成期需要较大强度的修剪，以增加分枝数量，使树冠更加丰满。树冠形成后，通过修剪以促进新枝萌发，增加花果。

树冠形成期，部分黄山栾树在种植时通常只有3～4个直立生长的主枝，主枝上的分枝特别少，需要通过对主枝进行短截修剪促使萌发，然后在萌发的枝条中培育下一级枝条，视情况再对下一级枝条进行短截修剪，使其逐步形成分枝较多的树冠（图6-20）；树冠形成后，对徒长枝进行短截，对交叉枝进行疏枝，以保留树形的圆整性；对外围枝条进行短截，以使树冠萌发更多一年生新枝促进开花；对下垂枝进行修剪，以提高净空高度。

分枝稀少的树冠　　　　　　　　　　历经多轮短截的树冠

图6-20　黄山栾树修剪示意图

6.2.5　常用工具设备

"工欲善其事，必先利其器"，修剪工具设备的恰当运用，能够有效提高作业人员技术水平，降低劳动强度，保障各个环节的作业质量[11]，从而达到事半功倍的效果。选择工具设备时，首先要考虑其是否"趁手"，即使用起来是否得心应手；其次要考虑工具的经久耐用性，选择高质量的会更好一些。[12] 常用的修剪工具有锯子、修枝剪、梯子、安全带、安全帽、防滑鞋等，常用的机械设备有油锯、登高作业车、粉碎机等。特别是油锯，随着技术的进步，逐步向电机化、小型化发展，使用起来十分方便。此外，随着技术的发展，登高车正向高空作业平台发展，登高作业的综合性、机动性更强，安全性更高，是将来园林机械发展的趋势。

6.3　病虫害防治

树木的健康生长，需要充足的水分、光和合理平衡的营养。树木在生长过程中经常受到外界一些因素的影响，如干旱、空气污染、不当的肥水管理、修剪和病虫害等。通常，病虫害对植物健康生长的影响较为明显。绿地中生物多样性和植物群落配置的复杂性，对病虫害的大面积发生与危害起到了很好的抑制作用。当发现树木产生变化时，要仔细检查出现的问题，并通过识别一些特定的危害症状找出原因，解决问题。

6.3.1 常见病虫害发生与防治

（1）发生特点

行道树在道路系统中往往成排种植，以穴状为主，部分为种植带形式。与绿地内种植的树木相比，立地条件相对较差，如根系生长空间有限、土壤压实、地下管线多以及树冠生长空间有限等，且人为干扰因素较多。因此，行道树生长势较绿地内树木而言相对更差，为病虫害的发生和扩散提供了有利条件，病虫害发生的种类较多、程度较高。悬铃木、香樟、栾树和无患子等是上海乃至长三角地区较常见的行道树树种，悬铃木病虫害主要有白粉病（*Erysiphe pltani*）、方翅网蝽（*Corythucha ciliate say*）和星天牛（*Anoplophora chinensis forster*）等，香樟病虫害主要有樟巢螟（*Orthaga olivacea warre*）、煤污病和樟个木虱（*Triza camphorae sasaki*）等，栾树和无患子等以蚜虫危害程度较高。

图6-21～图6-26为行道树病虫害组图6张。

图6-21 悬铃木白粉病危害状

图6-22 悬铃木方翅网蝽危害状

图6-23 悬铃木星天牛危害状

图6-24 香樟樟巢螟危害状

图 6-25　香樟煤污病危害状　　　　　图 6-26　栾树蚜虫危害状

（2）防治策略与方法

病虫害的发生在一定程度上造成了景观影响，需要采取一定的管理措施降低因病虫危害造成的影响。特别是城市精细化管理的要求对病虫害的管理提出了更高的要求。对于城市中行道树病虫害防治工作而言，道路通常比较狭窄，常见的喷药方式在作业空间局促的环境下和倡导绿色环保要求更高的当下，成为一种逐渐被替代的方式。所以，行道树病虫害的管理应注重预防，且更加关注树木本身的健康，落实"预防为主，生态治理"的方针，倡导环保、绿色和节约理念，以树木健康管理为核心，通过精细化养护、生物防治、物理防治和科学用药等途径，达到绿色防控的目标，将病虫害的发生降低到合理的范围内。

在养护管理环节落实相关植保防治措施，结合天敌保护、以人为本和绿色环保等要求，结合绿化养护作业措施的实施，可以考虑多技术组合或防控措施成套化落实。常见的病虫害防治方法包括：植物检疫、园艺措施、生物防治、物理防治和药剂防治。

1）植物检疫。是一个国家、一个地方行政机构利用法规措施，禁止或限制危险性病害、虫害和杂草人为地从境外或省、市区外传入或传出；或者在传入以后，限制其传播扩散的一个重要措施。这种措施在发现有新的病虫害出现时尤为重要。

2）园艺措施。主要采取优化布局、改善水肥管理、修剪摘除病虫枝叶和人工捕捉等措施，结合天敌诱集带等生物多样性调控与自然天敌保护利用等技术，改善病虫害发生源头及孳生环境，减少虫口基数，人为增强自然控害能力和植物抗病虫能力。

3）生物防治。一是做好天敌的保护与利用，主要是保护利用绿地瓢虫、食蚜蝇等自然天敌，应用优势害虫的靶标天敌，如释放周氏啮小蜂来防治鳞翅目害虫等。二是选用生物农药防治，推广、应用苏云金杆菌、印楝素、苦参碱、绿僵菌、白僵菌、苏云金杆菌（BT）、蜡质芽孢杆菌、枯草芽孢杆菌、斜纹夜蛾核型多角体病毒、甜菜夜蛾核型多角体病毒和短稳杆菌等防治病虫害（图6-27、图6-28）。

图 6-27　人工释放异色瓢虫捕食栾多态毛蚜　　图 6-28　食蚜蝇幼虫捕食蚜虫

4）物理防治。主要是推广昆虫信息素（性引诱剂等）、杀虫灯防治害虫等技术，开发和推广应用植物诱控、食饵诱杀、防虫网阻隔等理化诱控技术，降低虫源量。

5）药剂防治。一是选择高效、低毒、低残留、环境友好型农药；二是改进用药方法，采用注射等方法，通过树木内吸作用达到防治的目的，减少用药量和药剂的浪费。通过以上多种方法合理使用农药，最大限度地降低农药使用对环境造成的负面影响。

6.3.2　药剂的使用

农药的使用大大减少了因病虫害造成的产量和景观损失，维护了城市的景观面貌，但是随着农药用量的日益增大，品种逐渐增多，化学农药对人畜健康和生态环境的危害（面源污染）和影响也越来越突出。因此，正确使用农药，对保护生态环境和确保人畜安全显得十分重要。

（1）选准药剂，对症用药

绿地中植物病虫草害种类很多，也有很多天敌等非靶标生物，药剂的使用不仅要考虑对病虫害的有效性，还要考虑对天敌等非靶标生物的安全性，选择安全、有效、经济的药剂，做到对症下药。如内吸剂一般只对刺吸式口器害虫有效，触杀剂对各种口器害虫都有效，等等。倡导优先选择高效、低毒、低残留的无公害药剂或者植物源和微生物源的生物农药。禁止使用国家明令禁止的药剂种类，不提倡使用国家限制使用的药剂种类（附录 2）。

（2）加强监测，适时用药

通过加强前期监测，确定最佳防治时间，并结合气候、环境等因素，选择合适时间施用农药，是控制病虫草害、保护有益生物、防止药害和避免农药残留的有效途径。如防治鳞翅目幼虫一般在 3 龄前，其他多种害虫都应在低龄期施药；防治刺吸性害虫应避开天敌发生期，避免杀伤天敌等。多数药剂应避免中午施用。刮风下雨会使药剂流失，降低药效。

（3）精准施药，适量用药

针对药剂的不同剂型及制剂特点，确定准确的施药方法，充分发挥农药的防治效果，避免或减少杀伤有益生物，减少药害和农药残留。内吸性强的药剂可以优先选择树干注射等施药方法，以减少树冠喷雾造成的药剂污染和浪费。同时，准确掌握农药适宜的施用量是防治的重要环节。农药用量过低，影响防治效果；过高，则易产生药害。

（4）交替用药，注意防护

长时间使用同一种药剂防治某种病虫害容易通过自然选择使该种有害生物产生抗药性，导致防治效果逐渐下降。行道树由于种类相对单一，常见病虫害如悬铃木白粉病、悬铃木方翅网蝽、栾多态毛蚜等每年发生程度不一，在防治时要尽量避免长时间使用同一种药剂，最好是不同作用机理的药剂交替使用或者几种药剂混用，这样可以延缓病虫抗药性的产生。施药人员应经植保专业培训后上岗；施药时必须穿戴必要的防护用品，如手套、口罩、防护服等，防止农药进入眼睛、接触皮肤或吸入体内。作业人员还应掌握一定的中毒急救知识，并检测药器药械是否完好等。

6.4　更新与补植

6.4.1　更新

日常养护过程中根据树木的生长环境、生长状况、土壤理化指标以及根系生长状况，选择合理的措施及时对部分树木进行更新。树木更新需要移除植株时，需提前办理相关审批手续。

对于树冠形状差、长势不良、衰老的树木，可在保留骨架枝的基础上适当采取强修剪的方式，培养更新枝条。对于自然枯死、景观面貌极差、病虫害严重、机械损伤严重造成偏冠、树洞过大、对人身安全或者其他设施构成威胁的树木，可根据情况移除，并及时补植树木。

6.4.2　补植

行道树补植需要注意分析原有树木和场地的情况。相邻树木已达郁闭状态下，中间可不再补植树木；应在行道树补植前找出死亡原因，消除不利因素后再补植；补植的行道树应与原有树种一致，规格相近；应选用干直、健壮、无病虫害，且至少带有一级以上骨架枝的优质树木，落叶乔木分枝点高度应控制在 3.2m 以上；树穴规格不得小于长 × 宽 × 深（m）：1.5×1.25×1.0 或同一道路上的树穴规格应保持一致；在树穴内施基肥，土壤肥力必须达到标准要求。

补植的时间应根据不同树种进行选择，落叶树应在 11 月下旬至翌年 3 月之间（避开冰冻期）补植；乌桕、枫杨、苦楝、喜树等树种应于 3 月下旬至 4 月上旬带土球补植；常绿树应在 10 月下旬至 11 月中旬或 3 ~ 4 月之间补植。

补植的主要技术要求包括三个部分。①补植前，应对树木进行适当修剪。修枝时应注意树形均衡，剪除严重的病虫枝、受损枝和受损根。②补植时树木主干的弯曲面应与道路走向平行栽植，最大的弯曲面应朝向护树桩；树木的根颈部应高于地表面 5cm 左右，并采取必要的挡土措施；裸根苗补植时，应先将树根舒展在树穴内，均匀加入细土至根系完全被覆盖，扶正后再边培土边分层夯实；带土球苗补植时，应先将土球放入树穴内，剪除并取出包扎物，然后从补植穴边缘向土球四周培土，分层夯实，不伤土球。③补植后应规范竖桩、绑扎、浇水，隔天复水；干旱天气时，应适时浇水，常绿树还必须向树冠补充喷水；种植土或树木下沉，应及时复位，出现吊桩应及时松缚，重新绑扎。

6.5 特殊养护措施

树木在生长发育过程中除了会经常遭受人为破坏之外，还经常遭受风害、冻害、旱害、雪害等自然灾害的威胁。因此，摸清各种自然灾害的规律，提早采取有效的预防措施是保持树木健康生长，充分发挥其生态、社会效益的关键。对于各种灾害都应贯彻"预防为主、综合防治"的方针，从场地准备、树种的规划设计开始就应充分重视，如注意适地适树、土壤改良等。同时，在栽植养护过程中，要加强综合管理和树体保护，促进树木的健康生长，增强其抵抗自然灾害的能力。

6.5.1 台风伤害

台风具有地域性、时效性和不可避免性，因此，应对台风的主要对策就是预防和灾后处理。那么，城市树木如何预防台风呢？应从以下三个方面做好工作：一是强化树木的养护管理工作，如通过合理修剪减少树冠的受风阻力，通过必要的加固措施增加树木的牢固度，增加土壤透气性，促使根部发育良好，以增加抗风的能力；二是改善树木的生长环境，树木的生长状况与其生境条件关系极为密切，目前，行道树的立地环境总体来说尤其恶劣，今后在城市新建和拓宽道路时，设计部门应给行道树根系的伸展创造一个较合理的营养空间；三是做好树木的选种工作，在树种的选择上应充分考虑树种的生物学和生态学特性，筛选树种尤应强调深根性、耐水湿、抗风力强等特点。[13]

台风来临时，根据风向、风力及历年的经验作出评估，采取定点巡逻的方法，携带锯子、绳子、地桩等必要工具进行巡查，发现有紧急情况，可以及时实施疏枝、拉绳、扎缚、打地桩等补救措施，拉绳要拉在树冠上部，不能使绳子松脱，并拴在附近的电杆或建筑物的钩子上，也可以把树串联起来，再栓在电杆上。[14]

台风过后，由于积水的地方树穴泥土被浸透，因此要加强防范。对于妨碍交通的树木和倒地的树木，要先抢救，以尽量减少损失。对于倒伏的树木，一般树根全部翻出树穴者，扶起后很难成活，应将树冠强截后送苗圃养护。倒伏而根部尚有一半未翻出者，可以采取重截重疏后原地栽好。如树木倾斜根部有一半出土或没有出土者，适当疏枝后扶起，基本上可以成活。抢救工作应尽早进行，否则成活率也会降低。[15]

此外，台风后应做好统计记录工作，以便分析研究，找出树木的防台规律，对受害树木进行重点养护。

6.5.2　低温冻害

无论是生长期还是休眠期，低温都可能对树木造成伤害，尤其是在季节性温度变化大的地区，这种伤害更为普遍。在一年中，根据低温伤害发生的季节可分为冬害、春害和秋害。冬害是树木在冬季休眠中所受到的低温伤害；春害和秋害是树木在生长初期和末期，因寒潮突然入侵和夜间地面辐射冷却所引起的低温伤害。

（1）低温伤害类型

低温既可能伤害到树木的地上或地下组织与器官，又可以改变树木与土壤的正常关系，进而影响树木的生长。根据低温对树木伤害的机理，可以分为冻害、冻旱和寒害3种基本类型。冻害是指气温在0℃以下，树木组织内部结冰所引起的伤害。冻旱又称干化，是一种因土壤冻结而发生的生理干旱。常绿树由于叶片的存在，遭受冻旱的可能性较大，尤其是在冬季或春季晴朗时，常有短期明显回暖的天气，树木地上部分蒸腾加速，土壤冻结，根系吸收的水分不能弥补丧失的水分而遭受冻旱危害。寒害又称冷害，是指0℃以上的低温对树木所造成的伤害。这种伤害多发生于高温的热带或亚热带树种。

（2）低温伤害的防治

低温对树木威胁很大，严重时可将数十年生大树冻死。预防低温危害的主要措施有以下几个方面：一是选择抗寒的树种或品种，这是减少低温伤害的根本措施。乡土树种和经过驯化的外来树种或品种，已经适应了当地的气候条件，具有较强的抗逆性，应是园林栽植的主要树种。二是加强抗寒栽培，提高树木抗性，加强栽培管理（尤其是生长后期管理）有助于树体内营养物质的储备。经验证明，春季加强水肥供应，合理运用排灌和施肥技术，可以促进新梢生长和叶片增大，提高光合效能，增加营养物质的积累，保证树体健壮；后期控制灌水，及时排涝，适量施用磷、钾肥，勤锄深耕，可促使枝条及早结束生长，有利于组织充实、延长营养物质积累的时间，提高木质化程度，增加抗寒性。正确的松土施肥，不但可以增加根量，而且可以促进根系深扎，有助于减少低温伤害。三是改善小气候条件，增加温度与湿度的稳定性。通过生物、物理或化学的方法，改善小气候条件，减少树体的温度变化，提高大气湿度，促进上下层空气对流，避免冷空气聚集，可以减轻低温，特别是晚霜和冻旱的危害。

（3）受害植株的养护

对于已经发生低温危害的树木应采取适当的养护措施：一是合理修剪，对受害植株重剪会产生有害的副作用，因此修剪中要严格控制修剪量，既要将受害器官修剪至健康部分，促进枝条的更新与生长，又要保证地上地下器官的相对平衡。二是加强病虫害预防，树木遭受低温危害后，树势较弱，极易受病虫害的侵袭，可结合防治冻害，施用化学药剂。杀菌剂加保湿粘胶剂效果较好，其次是杀菌剂加高脂膜，它们都比单纯使用杀菌剂或涂白效果好。三是伤口保护与修补，伤口修整、消毒与涂漆、桥接修补或靠接换根。

6.5.3 高温热害

树木在异常高温影响下，生长下降甚至会受到伤害。它实际上是在太阳强烈照射下，树木所发生的一种热害，以仲夏和初秋最为常见。

高温对树木伤害的类型：高温对树木的影响，一方面表现为组织和器官的直接伤害——日灼病；另一方面表现为呼吸加速和水分平衡失调的间接伤害——代谢干扰。

所谓日灼是指夏秋季由于气温高，水分不足，蒸腾作用减弱，致使树体温度难以调节，造成枝干表皮或其他器官表面的局部温度过高，伤害细胞生物膜，使蛋白质失活或变性，导致皮层组织或器官溃伤、干枯，严重时引起局部组织死亡，枝条表面被破坏，出现横裂，负载能力严重下降，并且出现表皮脱落，日灼部位干裂，甚至枝条死亡；果实表面先是出现水烫状斑块，而后扩大裂果或干枯。

代谢干扰是指树木在达到临界高温以后，光合作用开始迅速降低，呼吸作用继续增加，消耗了本来可以用于生长的大量碳水化合物，使生长下降。高温引起蒸腾速率的提高，也间接降低了树木的生长和加重了对树木的伤害。干热风的袭击和干旱期的延长，使蒸腾失水过多，根系吸水量减少，造成叶片萎蔫、气孔关闭，光合速率进一步降低。当叶子或嫩梢干化到临界水平时，可能导致叶片或新梢枯死或全树死亡。

高温伤害的防治：根据高温对树木伤害的规律，可采取以下措施：一是选择抗性强的树种，选择耐高温、抗性强的树种或品种栽植；二是栽植前的抗性锻炼，在树木移栽前加强抗性锻炼，如逐步疏开树冠和庇荫树，以便适应新的环境；三是保持移栽植株较完整的根系，以利于根系从土壤中吸收水分；四是树干涂白，可以反射阳光，缓和树皮温度的剧变，对减轻日灼和冻害有明显的作用。涂白剂的配方为：生石灰：水：食盐：油脂：石硫合剂原液为 3：10：0.5：0.2：0.5，将其均匀混合后即可涂刷。

除了应对台风、冻害和高温的常规养护措施之外，对于树木倾斜、损伤和树洞等问题的应对措施，将在第 7 章的"树木风险矫正措施"中进行详细介绍。

参考文献

[1] Ayoub A T. Fertilizers and the environment [J]. Nutrient Cycling in Agroecosystems, 1999, 55: 117-121.

[2] 肖自添, 蒋卫杰, 余宏军. 作物水肥耦合效应研究进展 [J]. 作物杂志, 2007, 6: 18-22.

[3] 谢伟, 黄璜, 沈建凯. 植物水肥耦合研究进展 [J]. 作物研究, 2007, 21 (5): 541-546.

[4] VOGTMANN H, FRICKE K, TURK T. Quality, physical characteristics, nutrient content, heavy metals and organic chemicals in biogenicwaste compost[J]. *Compost Sci Util*, 1993, 1 (4): 69-87.

[5] HARTZTK, COSTAFJ, SCHRADER W L. Suitability of composted green waste for horticultural uses[J]. *Hortscience*, 1996, 31 (6): 961-964.

[6] HOITINKHAJ, STONEAG, HANDY. Suppression of plant diseases by composts [J]. *Hortscience*, 1997, 32 (1): 184-187.

[7] GREENLYKM, RAKOWDA. The effect of wood mulch type and depth on weed and tree growth and certain soil parameters [J]. J Arboric, 1995, 21 (5): 225-232.

[8] GLEASONML, ILESJK. Mulch matters [J]. Am Nurseryman, 1998, 187 (4): 24-31.

[9] 卫凌志, 王五宝. 北方园林树木修剪技术措施 [J]. 山西师范大学学报, 2008 (22): 59-62.

[10] 康治平. 各类园林树木的整形修剪技术 [J]. 安徽农学通报, 2012, 18 (09): 173-174.

[11] 尹大志. 园林机械 [M]. 北京: 中国农业出版社, 2007

[12] 王鹏, 贾志国, 冯莎莎. 园林树木移植与整形修剪 [M]. 北京: 化学工业出版社, 2015.

[13] 陈缓柱. 沿海沙岸防风固沙木麻黄试验示范林抗御台风分析 [J]. 广东林业科技, 1999, 15 (1): 26-30.

[14] 王良睦. 台风对厦门市园林树木破坏情况的调查及对策研究 [J]. 中国园林，2000，（4）：65-68.

[15] Francis J K, Gillespie A J R. Relating gust speed to tree damage in hurricane hugo, 1989[J]. Journal of Arbo riculture，1993（19）: 368-372.

07

第7章

树木健康评价和风险管理

城市树木是城市发展与生态文明建设的绿色基底和优质生态产品，也是城市精细化管理和安全风险管控的重要内容。当树木生长茁壮并具有良好的结构时，可以发挥更高的生态、景观和社会价值。树木萎黄的叶片、布满昆虫的枝叶、不完整的树冠和不健康的树体结构等问题，不仅影响着人们欣赏美丽景观的心情，同时也会影响人民的生命财产安全。正确评估城市树木的健康状况及潜在的安全风险，不仅有利于城市树木生态功能的发挥以及城市绿化景观的可持续发展，更可大大降低城市树木对居民、设施与财产安全的威胁。基于对城市树木当下生长环境的调查分析，建立树木健康诊断技术和风险评估指标体系，形成一套可操作性强的诊断与评估方法，并从实际出发研究风险预防和矫正的技术措施，是充分发挥城市树木生态与景观功能、降低安全风险、提升城市精细化管理和安全应急管理能力的现实需要。

7.1 树木健康评价

树木健康是树木的一种良好的生长状态。生长茁壮、具有良好结构的树木，能够更好的抵抗病虫危害、忍耐环境胁迫。[1] 城市这个大环境，为树木正常生长提供必要条件的同时，一些不利因素往往也会制约其生长，影响树木健康。行道树的健康直接关系到城市景观风貌以及生态服务功能的发挥。从理论上讲，所有树木从定植以后经过一段时间，都应进行检查；定植后的最初几年，有必要对其生长状况加以评估，对一些树龄较大的树木健康情况更要做及时的检测并预防危害。[2] 目前，有关行道树健康生长的研究很多，但大多侧重于对各种胁迫因子的研究，如何系统全面地了解一个城市的行道树健康情况，如何诊断某个路段或某种行道树的健康情况，对行道树的正常生长以及城市生态系统的稳定发展，都具有重要的现实意义。

7.1.1 树木健康诊断的方法

国外在树木健康诊断与评估方面的研究和实践比较成熟，Paine 建立了以树木大小、种类及生长不良迹象等指标为基础的树木潜在伤害数据系统，其作用在于能够用来预测树木生长衰弱。[3]Gary 等人通过对加利福尼亚州的两个原生栎树的全面诊断和分析，构建了实用的树木健康评价系统，该系统包括了树体结构、树木生长环境、目标评价和树势四大类共 11 个指标，并将最终的评价结果分成 5 个等级，这一评价系统被广泛应用。[4-5] 目前，运用层次分析法（AHP 法）建立园林树木健康评价模型，已是全世界共同认可的树木健康评价方法。但是，每个地区在树种、环境胁迫因子、病虫害等方面均存在明显差异，所以在指标层的构建和权重分配两方面会有较大差异。

诊断树木健康应主要聚焦于树木个体本身的生长情况，一般分为整体情况、树冠情况、树干情况和根系情况四部分。通过直观的生长表象，可以发现一部分外在的生长特征，如树木长势、树木倾斜、树冠完整度、损伤程度、树洞、病虫危害等，这些都是可以通过肉眼来判断的。[6-7] 此方法主要用于数量庞大、立地条件复杂等不适合使用大量仪器设备进行检测的城市树木，如城市行道树等。树干内部虫蛀、中空腐烂情况以及地下部分根系情况等隐蔽的树木生长状况，则需要通过一定的仪器设备和技术方法进行检测与评估。这种方法适用于生长空间充足、周边环境友好的城市树木，如古树名木、广场绿地树木等。

（1）直观表象评估法

上海在对行道树进行健康评价时，通过观察直观表象来评估树木健康程度，具体评价指标如表 7-1 所示。

上海行道树健康评价指标 表 7-1

结构层	指标层	特征编码情况
城市树木健康程度A	整体情况B1	树木长势C1	1：濒临死亡；2：长势衰弱，很难恢复；3：长势较弱，尚可恢复；4：受环境胁迫，但长势正常；5：未受环境胁迫，长势良好
		病虫害C2	1：多于1主枝；2：1主枝或多于1大枝；3：1大枝或较多中级枝；4：少数中级枝；5：少数小枝或没有
		树木倾斜C3	1：>40°；2：≤40°；3：≤30°；4：≤20°；5：≤10°
	树冠情况B2	枯枝C4	1：多于1主枝；2：1主枝或多于1大枝；3：1大枝或较多中级枝；4：少数中级枝；5：少数小枝或没有
		顶梢枯死C5	1：>75%；2：≤75%；3：≤50%；4：≤25%；5：未枯死
		修剪或损伤C6	1：损伤面积>50%；2：损伤面积≤50%；3：重度修剪或损伤面积≤30%；4：中度修剪或损伤面积≤15%；5：轻度修剪或未受损伤
	树干情况B3	主干腐烂C7	1：>2/3树干周长；2：≤2/3树干周长；3：≤1/3树干周长；4：≤1/8树干周长；5：未腐烂
		主干损伤C8	1：>2/3树干周长；2：≤2/3树干周长；3：≤1/3树干周长；4：≤1/8树干周长；5：未受损伤
		树洞C9	1：中空腐烂；2：没有愈合趋势；3：已修补，尚未恢复；4：已修补，恢复正常；5：没有树洞
	根系情况B4	根系腐烂C10	1：>50%根区；2：≤50%根区；3：≤30%根区；4：≤10%根区；5：根系未腐烂（根区指树冠垂直投影线面积）
		根系损伤C11	1：>50%根区；2：≤50%根区；3：≤30%根区；4：≤10%根区；5：根系未损伤（根区指树冠垂直投影线面积）
		根系透气性C12	1：>1000kPa；2：≤1000kPa；3：≤600kPa；4：≤400kPa；5：≤200kPa（测试土壤深度为20cm）

（2）树干检测评估

对于树干的检测，需要考虑根茎受损和腐烂情况、树皮损伤情况（虫洞、晒伤、冻裂等因素造成）、树干损伤（机械损伤）或树心腐烂等几方面情况。[2]树体一些明显可见的树洞易于检查，而树干内部出现的问题就需要借助其他方法来进行检测。通常一种简易的检查方法，是用带有铁芯的塑料锤轻轻敲打树干，如敲打出的声音很小，说明树干是比较健康的；如果有空洞声，说明树干内部可能已经腐烂，这时须进一步用钻子钻孔进行检查。近年来，上海科研部门开始使用 PICUS 等仪器设备（图 7-1），利用其弹性波测试树木断层画像，来检测一些古树的健康状况，并积累了一定的经验（图 7-2）。

图 7-1　PICUS 树木断层检测仪

（3）树木根系检测评估

树木根系健康检测是很重要的一个环节，由于根系生在地下复杂的环境中，除土壤质量的因素外，地下空间管线铺设等其他因素，也会对根系发育产生重要的影响。因此，对于树木根系健康的评估工作，需要有先进技术来支撑。在不影响树木根系正常生长活动的前提下，目前多采用原位无损观测方法进行根系生长的研究。[8]利用美国 TreeRadar 公司开发的树木雷达系统（TRU）对乔木根系采用非入侵式的探测（图 7-3），是目前比较可靠的检测手段。利用 TRU，以树干中心为圆心进行圆周扫描，得到雷达波谱图像（图 7-4），其测量原理是利用了根系与其生长土壤之间电导率差的特点。通过数据分析和人工处理之后获得的结果是扫描路径向下纵剖面上与根系相交的点（图 7-5）。扫描选用的树木雷达的频率为 900Hz，探测的最大深度为 1m，但是随着深度的增加，仪器探测的精度会有所减弱，因土壤性质之间的差异，并非所有扫描路径均可以探测到 1m 的深度，一般的探测结果深度都在 80 ~ 100cm 之间。乔木根系的空间延伸范围较大，采用根系密度能很好地反映乔木在不同的地下空间根系分布的疏密特征和受损根系的分布区域及面积（图 7-6）。

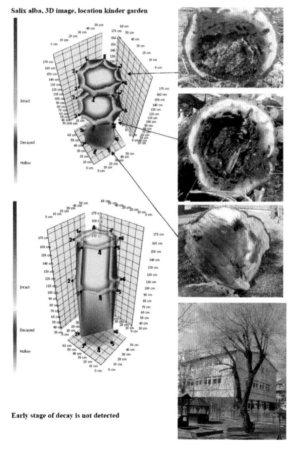

图 7-2　PICUS 树木断层检测仪成像

7.1.2 评价结果的应用

根据树木健康评价的结果，特别是收集大量的评价数据之后，可以对某一棵树的健康状况、某一个区域的树木健康状况、某一种树木在城市中的健康状况有所了解；同时，能够清楚地分析出影响树木健康的具体问题，进行针对性的矫正或干预，从而提升城市树木的整体健康水平。树木健康评价结果的应用可以分为以下3个方面。

（1）树木健康问题干预

针对城市树木健康评估过程中发现的问题，特别是评价指标中出现对树木健康影响较为严重的问题，必须通过一定的技术手段进行矫正或干预。树木只有长势良好才能表现出其优良性状。

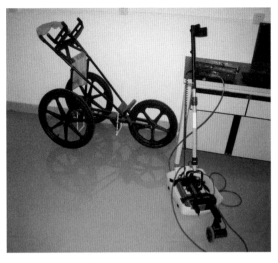

图 7-3 树木雷达检测系统

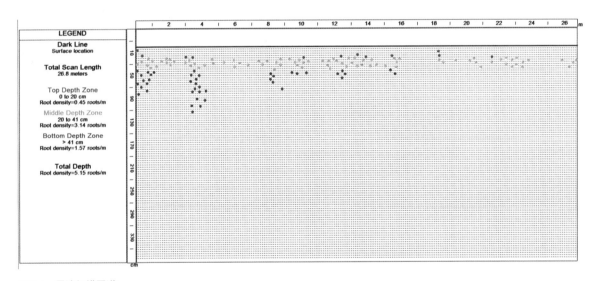

图 7-4 雷达扫描图谱

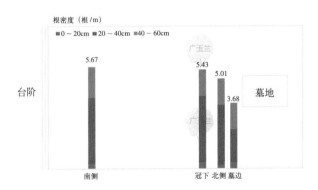

图 7-5 TRU 树木雷达系统软件处理后图片（鲁迅公园）

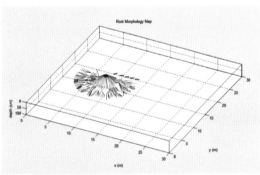

图 7-6 TRU 树木雷达系统模拟根系分布图

1）长势不良：树木长势不良多表现在树木叶面积大小、叶色、树干树枝颜色等方面（图7-7），需要系统分析，多数树木长势不良与根系发育不良有关，需要通过对根系生长情况及生长环境等进行系统性分析采取针对性的改良措施，以增强树木长势。

2）病虫害：根据健康诊断结果，对发现的病虫害进行有针对性的防治，推荐优先使用生物防治、物理防治或生物药剂等绿色防治措施。

3）树木倾斜：对倾斜的树木进行扶正，并根据树木生长场地的实际情况选择竖桩、牵拉绳等合适的固定措施，避免树木再次倾斜（图7-8）。

图7-7　长势不良的香樟　　　　　　　图7-8　倾斜的树木

4）枯枝、顶梢枯死：通过修剪对树木的枯枝进行清理，并分析造成枯死的原因。如果是由机械损伤引起的，应在修剪枯枝的同时对下垂枝等进行清理；如果是由病虫害引起的，应进行针对性的防治（图7-9）。

5）主干腐烂、损伤、开裂：对于主干损伤、开裂的树木，首先应分析其存活时限和倒伏风险，对于很难恢复并有倒伏风险的树木（古树名木除外），及时移除；对于长势可恢复且没有倒伏风险的树木，可进行树干的防腐、修补等技术处理（图7-10）。

6）根系腐烂：根据健康诊断结果，分析造成根系腐烂的具体原因。如果是由真菌引起的根系腐烂，应修剪去除腐烂根的部分，并通过对应的药物进行防治处理；如果是因为土壤透气性差或种植区积水等原因引起的根系腐烂，可以通过对树木种植区进行土壤改良和铺设排水设施等措施进行改善。

（2）区域生长环境分析

通过分析某一个区域的树木健康评价结果，可以确切了解该区域树木健康的

图 7-9　香樟的顶梢枯死　　图 7-10　树木主干腐烂

整体情况以及影响树木健康的主要问题，从而进一步分析出该区域的树木生长环境是否存在土壤质量、地下水位、生长空间等环境胁迫因素。通过区域整体的环境改善可以提升树木的健康水平。

（3）树种适生性分析

通过分析整个地区的树木健康评价结果，不仅可以确切地了解该地区树木健康的整体状况，还可以掌握某一树木品种在该地区的健康情况，从而以树木健康的角度判断这一品种是否适合在该地区生长，是否应该继续保留或推广使用该品种。同时，可以分析影响该树木品种健康的主要因素，从而制定专用的种植与养护技术。

7.2　树木风险管理

树木风险是指由于树木发生倒伏、坠落等情况，而造成不同程度人员伤亡、财产损失和城市安全隐患等后果的可能性。[9] 一般认为，树体结构发生异常且危及财产和人身安全的树木是存在风险的。[10] 根、枝、树干及其它结构发生缺陷或腐朽等损害，造成整株树木发生故障，可能导致设施、财产损失及人身伤害的树木，都属于风险树木。在树木养护过程中，人工修剪导致的枯枝悬挂，或不健康的树出现折断、倒伏等现象，可能危及行人及公共设施安全的，也属于风险树木（图 7-11）。

图7-11 路旁倾斜的树木

树木风险评估的目的就是在目标区域检测并评估树木缺陷的严重程度，并在树木造成风险之前，提出建议和采取纠正措施。[11]然后通过量化评估树木风险水平，确定风险等级，得出应实施纠正措施的树木的优先次序，按优先顺序采取纠正措施，从而以经济、快速的方式保证人和财产的安全，以及城市安全运行。做到预防在先，极大程度遏制风险源，杜绝或减少安全事故。

7.2.1 树木风险管理内容

在开展树木风险评估时，重要的是先明确被评估树木所处的地理环境。不同环境决定了不同的风险评估参数，包括评估目标、评估方式、适用的政策或法律要求以及风险评估的限制因子等。树木风险评估是一个系统的过程，包括识别、分析和评估等几大环节。在这个过程中，需要综合考虑评估树木所处环境，以及执行相应风险评估方法。

城市中的绿化总量越来越多，上海有110余万株行道树和数不胜数的绿地树木。若要为每棵城市树木都进行风险评估，显然是不切实际的。因此，发达国家和地区的通常做法是进行"以地点为本"的评估方法。这是一种注重树枝折损或树木倾倒地点的评估方法，确定发生危险后该地点是否会造成人员和财产损失，从而让绿化管理部门将精力和资源投入到需优先处理的地点，提高风险评估效率，降低损失。主要按该地人流量的频密程度，来划分树木风险管理地点的类别（表7-2、表7-3）。

树木风险区域类别、 颜色代码和区域示例　　　　　　　　　　　　　表7-2

危险区域类别	颜色代码	示例
极危区域	红色	1. 消防通道、救援通道等紧急通道路线； 2. 医疗设备和救援设施以及避难所和无障碍通行区域； 3. 商场、学校等人流密集的通道和开放空间； 4. 高使用频次的公园、开放绿地、广场等公共区域； 5. 具有下述极高风险树木特征的个别树木和地点： ·未被移除的死亡树木或状态非常糟糕的树木； ·在台风中受到严重伤害的树木； ·受白蚁、天牛严重危害的树木； ·视线上阻碍交通标志、交通信号灯或安全灯的树木； ·因人行道阻隔引起数个树根严重缠绕屈曲的树木

危险区域类别	颜色代码	示例
高危区域	橙色	1. 骨干道路：拥挤的十字路口和视线存在遮挡的交通标志及信号灯； 2. 高使用频次区域附近的停车场； 3. 高使用频次骨干道路上的公共汽车停靠站； 4. 具有下述高风险树木特征的个别树木和社区： ・长势衰老的树木； ・高密度的大规格、有"结构问题"的树木； ・因人行道或道路施工建设而引起根部受伤的树木； ・因风暴、降雪受到损害的树木
中危区域	黄色	1. 二级道路：拥挤的十字路口和视线存在遮挡的交通标志及信号灯； 2. 具有适度密度的大直径、成熟的或"问题"树种的社区； 3. 使用频次一般的公园、广场和开放绿地； 4. 使用频次一般的停车场
低危区域	绿色	1. 使用频次很低的道路和其他公共区域； 2. 开放的草坪、硬质广场和限制使用或限制进入的区域； 3. 具有低密度大直径、成熟的或"问题"树种的社区

树木风险管理建议方法与计划   表 7-3

危险区域分类	颜色代码	检查频次	检查方法	备注
极危区域	红色	每月 1 次	步行/个别树木检查	
高危区域	橙色	每季度 1 次	步行/个别树木检查	
中危区域	黄色	每年 1 次	步行/个别树木检查	个别树木检查不在路线范围之内，可进行路过式/走街式检查
低危区域	绿色	1~2 年 1 次	路过式/整体观察	如果检查到具有潜在危险的树木，应当进行个别树木检查
所有区域	NA	严重的风暴之后检查	路过式/整体观察	如果检查到具有潜在危险的树木，应当进行个别树木检查

（1）与树木相关的风险类型

所有存在的风险中，与树木相关的风险大致可以概括为两方面。一方面是树木与公共设施间的矛盾。当树木和社会公共设施间出现矛盾时，就会定义树木为风险树木。随着树木的生长，它们可能与路面、周围的建筑以及道路行人出现不相适应的情况，如与电力设施间产生矛盾、遮挡交通标识和车辆视野、根系生长与地下管线发生矛盾等情况。在某些情况下，这种不适应可能会存在一定伤害风险。另一方面则是树木本身结构性故障所导致的风险。如果树木的树干、树枝遭遇破坏，或根部系统失去机械支撑能力，当作用在树上的外力超过树体结构或土壤支撑强度时，树体就会出现折断或倾斜倒伏情况，可能会对周边环境、物体、行人造成不同程度的伤害。类似的结构性故障包括树体死亡、枯枝悬挂、树干分枝连接力差、树干空洞或腐烂、根系损伤或腐烂等状况。

（2）风险评估的等级和范围

树木风险评估相对而言可以设立几个不同的级别。如在 ISA 出版的 *Best Management Practices* 系列指导手册中，《树木风险评估》一册描述了三个级别的树木风险评估。

1）级别 1：有限的视觉评估。该评估是通过特定视角进行的视觉评估，以便快速辨别明显的树木缺陷和特定状况。该评估通常集中应用于识别具有、即将发生或可能发生故障的树木，是一种快速评估树木种群风险的手段，评估员通过视觉评估来寻找树木存在的缺陷，例如死树、空洞、枯死枝或断枝、病虫危害枝条、大裂缝和严重倾斜等情况。

2）级别 2：基本评估。该评估是对树木及其周围场所进行详细检查，收集相关信息进行综合分析。要求风险评估员完全围绕树木，观察树木的位置，包括根、树干、树枝及周边环境等。基本评估是要在有限视觉评估基础上，借助简单工具来获得关于树木缺陷的更多信息，便于提供较完善的树木风险评估。例如使用木槌击打树干，通过树干内部空洞反馈声音来判别是否存在空洞情况；又或是利用放大镜帮助识别可能影响树木整体健康的真菌实体或害虫。

3）级别 3：高级评估。该评估是在对现场条件、树木缺陷以及可能的内部缺陷引起的风险等情况进行观察记录后，完成基本评估分析，如有必要而进行的高一级评估。高级评估通常需要专业的设备投入、数据收集和分析，以及专业技术人员来进行，涉及的评估包括空中检查评估、树干内部腐蚀评估、根系声波评估、静态动态负载测试等。因此，高级评估通常更加细致，耗时较久，且成本较高。

3 个级别的评估所消耗的时间和成本也不相同，可以针对不同等级的风险区域进行合理的安排，极危区域和高危区域需要进行高级评估，尽可能发现风险点进行矫正，以降低潜在的安全风险。

（3）风险评估的常用指标和表单

通常情况下，进行评估时会使用城市树木风险评估表（表 7-4），以确保可以系统地检查和记录所评估树木的情况。主要指标一般包括：树冠枯枝、树冠空隙、树体倾斜、腐烂（白腐菌、褐腐菌和软腐菌）、树体损伤、等势干、内生夹皮、根系损伤、根系腐烂、盘根等。

城市树木风险评估表

表 7-4

检测单位：	检测人员：	检测时间：
树木品种：	树木编号：	位置坐标（GPS）：

□古树名木　□公共绿地　□林荫道　□公园绿地　□行道树　□群众或社会绿化

胸径（cm）：　　　　树高（m）：　　　　树冠（m）长×宽×厚：

树龄：＿＿＿＿□幼年阶段　　□生长阶段　　□成熟阶段　　□衰老阶段

树体状况	严重程度	根系/土壤状况	严重程度	生长环境胁迫	严重程度
树冠负荷重 □ 是 □ 否		根部死亡 □ 是 □ 否		附近环境受工程活动影响 □ 道路拓宽 □ 土壤被挤压 □ 土壤肿起 □ 地下管廊施工 □ 铺设人行道 □ 树下种植植物 □ 地表上升下降 □ 土壤整治 □ 其他	
树冠大幅偏冠 □ 是 □ 否		根系损伤 □ 是 □ 否			
主干/主枝腐烂 □ 是 □ 否		根系腐烂 □ 是 □ 否			
主干中空 □ 是 □ 否		盘根 □ 是 □ 否			
大型枯枝 □ 是 □ 否		根部外露 □ 是 □ 否			
菌类子实体 □ 是 □ 否		护根装置 □ 是 □ 否			
主干倾斜 >10° □ 是 □ 否		固定/牵引装置 □ 是 □ 否			
树洞/未修补 □ 是 □ 否		土壤裂缝 □ 是 □ 否		树木受风情况 □ 整株 □ 冠 □ 树木边缘 □ 风口 受风方向：	
机械损伤 □ 是 □ 否 面积比例：		土壤裂缝位置 □ 倾斜部分后 □ 其余方向			
内生夹皮 □ 是 □ 否		食根/蛀干性害虫 □ 是 □ 否			
等势干 □ 是 □ 否					

危害评估

树木可能倒状/折断部位： □ 树干　□ 枝干　□ 整株	倒状可能： □ 低　□ 中　□ 高　□ 极高
折损部位大小： □ ≤150mm　　□ 150～450mm □ 450～750mm　□ ≥750mm	区域风险等级： □ 极危区域　　□ 高危区域 □ 中危区域　　□ 低危区域

树木危险判定：
部位大小＋倒状可能＋区域风险等级＝风险评估
＿＿＿＿＿＋＿＿＿＿＋＿＿＿＿＿＝＿＿＿＿

7.2.2　树木风险矫正措施

目前的城市环境中，虽然许多树木依旧处于健康状态，但是却存在不同程度的安全风险。如果树木周围存在活动对象，树木落下的枝条或由树干、树根引起的灾难性倾倒可能会造成严重的人员伤害和财产损失。当城市中任何树木缺陷的累积超过某一限度时，就会变成不可接受的风险因素，必须进行校正或清除。

对树木的风险和缺陷进行矫正的流程各不相同，可以是简单地对缺陷枝条进行修剪，也可以是采用绳索固定或支护系统，或是采取措施将树木清除并更换。对于长势偏弱、不宜移除的树木可施用生长调节剂并结合修剪，进行树木复壮，使其恢复生长，避免遇到恶劣气候导致其出现倒伏风险。具体技术措施有以下几个方面。

（1）修剪

第 6 章 "6.2 修剪" 部分中，已详细介绍了日常树木的修剪养护作业。通过修剪可以剪除一些枯枝、病虫枝，以及长势偏弱等存在安全隐患的枝条，在夏季枝叶茂盛时期，通过疏枝修剪来达到树冠通透，减小风的阻力，一定程度上减缓和预防台风来临造成的树木风险。

（2）倾斜与扶正

城市树木倾斜的原因主要包括树冠形态、枝干强度、根系深浅等树木的生物学特性或大风降雨、地下水位等外部因素。此外，造成倾斜倒伏的原因还有以下几个方面：一是新植树木，栽植不正或栽植后土壤沉陷不均造成树身倾斜，之后又未予以扶正，久而久之造成倾斜；二是修剪不当，造成树冠轻重不平衡，而发生树身倾斜的现象；三是树冠生长空间受人行道宽度和建筑物的限制，生长无法平衡，外重内轻，"迫使" 树身倾斜。

随着园林机械化程度的不断提高，目前扶正主要用液压扶正器。其具体使用方法是：首先将扶正器顶部固定在树木主干倾斜面下方适当的位置，用绳索等材料将其绑扎固定；接着用钢丝绳套将树干基部与扶正器底端固定，扶正器与树干接触部位应使用软性材质垫衬，固定好的扶正器必须处于倾斜树木的垂直投影面内，以保证扶正过程中不发生偏移；最后收紧铁葫芦（液压式扶正器操纵液压杆），将树干扶正，并适当越过竖直位置（图 7-12、图 7-13）。操作时应注意人身安全，扶正器绝不能超荷载工作。使用传统扶正器扶正时，滑轮下方应放置木头等物体防止回弹。树木在扶正前应先浇水，软化树穴土壤，扶正到位后，采取打地桩、竖桩绑扎、拉铅丝、加土夯实、浇水等措施对树木进行加固处理。树木固定支架的应用对于保证新植树木的成活率起关键性作用，它能更好地防止树木受外力作用发生倾斜歪倒以及由此造成的根系生长过程中的不牢固问题，便于树木根系尽早伸展进入植入地而茁壮成长。[12] 因此，对树木用固定支架进行固定已经成为一

图 7-12　树木扶正施工（一）

图 7-13　树木扶正施工（二）

种趋势，尤其是在城市绿化过程中，园林建设部门更多地选择了用固定支架对树木进行固定。

如果只是发现树体某个部位发生移动或倾斜，可以针对实际情况安装支撑系统限制其移动，类似措施还包括牵引装置系统、电缆柔性牵引装置。长时间生长并且倾斜角度小于 45° 的树木危险性不大，但需要对这类树木进行密切监测，防止树木倾斜角度增加。过度倾斜的树木必须清理掉。

（3）裂纹和创面

对于具有大裂缝的大型树枝而言，将整个树枝从与主干的接合部位清除通常是最为有效的补救手段。但是，在某些情况下，也可以选择采用绳索固定和支护手段。受机械损伤的大枝，需将树皮伤口修整齐，如木质部凹陷较深，可用木片嵌平，使树皮能贴着木质部伸展而愈合。

对于创面保护剂的使用，业界也有不同的看法，比较常用有效的是桐油或者暗色系的油漆，既方便又经济实惠。对于人为形成的树木创面，如修剪，一般直接涂上保护剂即可；而机械或台风形成的树木创面，即有残桩的创面，需要用锯截平残桩，有凹陷的要用填料填平，再将树木木质部涂上保护剂；仅损伤树皮，形成层未全受伤，应清洗伤口，包扎保湿。

（4）树洞

树洞是由于修剪部位不当或外力的影响损伤了树枝，树皮一时不能愈合，使木质部长期暴露并在积水的影响下逐渐腐烂而形成的。所有的树木几乎都存在不同程度的腐朽、空心等现象。[13-19] 洞内不能积水，如果贮水不能自行排出，应打树洞装入排水管进行引流（图 7-14），特别是有梅雨天气的地区，此项工作尤为

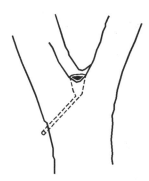

图 7-14 树洞引流

重要，引流树洞直径以对树体造成的伤害最小为原则，一般 1 ~ 3cm 为宜。

　　树洞修补可随时进行，但以树皮迅速生长之前为最好，宜在深秋到翌年 6 月树木横向生长前进行，避开冰冻天，使树皮能够及时贴着洞面伸展，把填补物包住而不致脱落。已经形成的树洞，须将腐烂的木质部挖去，如果树洞太深挖不彻底时，可以在树洞里用纸筋石灰掺入碎石填入压紧，洞口用水泥封面，封面的边缘要略低于树皮，使树皮正好能贴着水泥表面伸延出去。若与树皮一样平，树皮生长会将水泥挤压脱落。如遇树皮已经向树洞内侧转弯，则须将转弯的部分用刀割去。步骤如下。

　　首先，挖除树洞内腐烂物，至活体组织显现，用锋利的刀削平伤口四周，使洞口边缘平滑呈弧形，有时为了清除树穴内部腐烂部分，必须扩大树洞。其次，用防腐消毒剂对伤口全面消毒至少两次，待前一次干后再进行下一次消毒。再次，常用填料为碎砖块、水泥、小石子混合物，最外层用比例为 2：1 或 3：2 的水泥和纸筋石灰进行填充。较大的树洞里面必须用钢筋做好支架再填料；一般的树洞用电镀铁钉钉入活体组织再填料；较小的树洞可直接用填料填充。填料必须层层捣实，不得留空隙，填充物边缘不得超出形成层。洞口必须严密平滑不透水，表面用涂料装饰成树皮状。需要注意的是，对于一些深入树木根茎部位的大型树洞，在清理腐烂组织时要保护好内生根，他们可以给树木提供营养物质并增强树木的稳定性，刘琪璟在对岳桦老茎内部生根的研究表明，老茎内部生根使树木寿命延长，也是一种独特的更新方式。[20]

　　有些树洞特别是一些大树，如果不是朝天洞，可以采用开放式修补方法，处理好创面即可，如涂抹保护剂或者进行炭化处理。树洞补好后，为美观起见，可用颜料涂面，使之接近树皮的颜色（图 7-15）。

　　（5）死株

　　死亡的树木有着巨大的风险，无论在何种情况下都具有高度危险性。养护人员应当优先关注这类树木，发现之后应当尽快移除。

（6）枯枝

清除掉树冠中受损或挂在树冠上的大型树枝。同时利用修剪技术将剩余的部分彻底清除。

（7）腐烂的树枝

必须清除所有腐烂的大型树枝。通过修剪将腐烂树枝从活着的良木中清除，但是未必要切断活着的良木。在修剪时，要注意切口的正确部位，如果当时不能正确修剪，到第二年修剪时要把枯死的部分剪去，使树皮能及时愈合，如切口较大，在木质部可以用桐油等防腐剂涂抹。受影响部分超过树木胸围 40% 以上的树木通常是具有较大危险性的，应当移除。

图 7-15　树洞修补颜色相近

（8）不合理的结构

将有锐角、弯曲或扭曲的（除非此类生长是树种的特征）树枝修剪掉。这些都是"结构不合理的树木"，如果在树木生长过程中没有提供及时的修剪，也会变成危险的缺陷，而且脆弱接合的树木在早期干预的效果通常比后期清除大型树枝更好。

（9）公共设施矛盾

清除掉会遮挡交通指示牌、信号灯、摄像头的树枝，也要清除掉限制汽车交通正常视线的树枝。对于树木上方的架空线，通常也是采用修剪的手段进行避让。

建设美丽宜居的生态城市过程中，树木的健康和安全是基础，环境中影响园林树木生长的因素很多，如何构建完善的树木健康和风险评估体系，提高健康与风险评估准确性，是一直以来需要重点关注的问题。城市发展伴随着现代化科技的进步，一些先进仪器不断被应用到树木健康和风险评估中。在应对大风、暴雨等异常天气导致的树木事故时，如果将树木健康风险评估体系与日常养护管理体系有效衔接，那么在事故发生前就可以有效清除潜在风险，极大程度地保障人员和财产安全。同时，与诊断技术和评估技术同等重要的还有精细化管理手段，能对有风险的树木进行监测管理，随时做出合理的矫正。

7.3　案例：树木风险管理

嘉定区外冈镇西街两株编号 0060、0061 的古银杏，树龄 500 年，都是上海市一级保护古树。保护区域北临区级文保单位钱家祠堂，南临河道，东侧是新建的碧水豪庭住宅区。所处区域和环境与广场树木类似；所处位置有住房和道路，为高危区域。两株树木均存在倒伏和雷击的风险。

（1）潜在安全风险

两株古树东西两侧围墙的墙体开裂、砖块脱落（图7-16），可能会对树木造成影响；两株古树的树体本身存在较多的大型枯枝（图7-17）；两株古树均存在腐烂的情况，其中0060号古树的腐烂情况较为严重，树体主干和根基部分均已腐烂（图7-18），存在很大的倒伏风险；0061号古树高约20m，周围环境较空旷，无高大建筑物，存在雷击的风险（图7-19）。

图7-16 围墙破损

图7-17 大型枯枝较多

图7-18 树木主干腐烂严重

图7-19 树木较高存在雷击风险

（2）风险矫正技术措施

1）防腐处理。使用刀刮、木凿、铁丝刷、铁砂纸及小榔头等工具，由上而下刮除银杏树体上腐烂的木质，直到比较坚硬的部分，逐步清除腐木，不留空白点。用1∶30硫酸铜溶液或高锰酸钾进行消毒防治。再对树体涂上伤口涂补剂保护。

其中 0060 号银杏由于腐烂点较多，防腐作业过程中搭设了多层脚手架。

2）修剪。两株古树均存在较多的枯枝、重叠枝和下垂枝，安排上树工对大型枯枝进行了修剪清除，对小型枯枝、重叠枝、下垂枝等按技术要求进行了修剪。

3）围墙翻修。拆除原有破旧围栏，新做镀锌管围栏，修补原有围栏基础。拆除东侧原倾斜围墙，重新砌筑。并对西侧围墙涂刷蓝浆和涂料，恢复围墙原貌（图 7-20）。

4）支撑。对 0060 号银杏搭设支撑，用四根长度为 9m 的钢管进行支撑，钢管的支撑点和树体接触处加防水的弹性衬垫，以后在养护中对加铁箍的钢管支撑定期检查铁箍大小，如发现凹陷须再次调整，并在四根支撑间加设钢管横档，在四根支撑底部扎钢筋笼、现浇混凝土支座（图 7-21）。

图 7-20　围墙翻修

图 7-21　树木支撑设施

5）树洞修补。对于树洞，先小心去掉腐朽和虫蛀的木质部，然后消除树洞内的水袋，防止积水，再对树洞内表的所有木质部涂抹木馏油或高锰酸钾，消毒之后，所有外露木质部和预先涂抹过紫胶漆的皮层都涂上伤口涂补剂作为保护层，保证洞内通风，并用不锈钢网封住洞口，防止小动物进入，在洞口上檐架设不锈钢雨棚，最后整体刷漆，保持原有风貌。

6）避雷设施。根据《建筑物防雷设计规范》GB 50057—2010 第二章建筑物的防雷分类办法，应视为类同第三类防雷建筑物的防直击雷要求设计。根据古银杏树的高度及现场实际情况，在 0060 号银杏树根的西北方向约 10m，安装一座 33m 高的避雷铁塔。避雷铁塔顶端安装提前预放电避雷针 PIX3-60，该避雷针的提前预放电时间为 60μs（图 7-22）。

7）病虫害防治。对两株古树使用药剂进行除虫防病，使用苏云金杆菌（BT）除虫并预防虫害。

图 7-22　树木避雷设施

8）植被整理。去除场地中原有的黄杨、枸骨、龙爪槐等不利于古树生长的植物，重新栽植新的地被植物（表7-5、表7-6）。

矫正前0060号树木风险　　　　　　　　　　　　　　　　　　表7-5

危害评估	
树木可能倒伏/折断部位： □ 树干　　　□ 枝干　　　■ 整株	倒伏可能： □ 低　　　□ 中　　　■ 高　　　□ 极高
折损部位大小： □ ≤150mm　　　□ 150～450mm □ 450～750mm　　■ ≥750mm	区域风险等级： □ 极危区域　　　■ 高危区域 □ 中危区域　　　□ 低危区域
树木危险判定： 部位大小 + 倒伏可能 + 区域风险等级 = 风险评估 风险等级：高	

矫正后0060号树木风险　　　　　　　　　　　　　　　　　　表7-6

危害评估	
树木可能倒伏/折断部位： □ 树干　　　■ 枝干　　　□ 整株	倒伏可能： ■ 低　　　□ 中　　　□ 高　　　□ 极高
折损部位大小： ■ ≤150mm　　　□ 150～450mm □ 450～750mm　　□ ≥750mm	区域风险等级： □ 极危区域　　　■ 高危区域 □ 中危区域　　　□ 低危区域
树木危险判定： 部位大小 + 倒伏可能 + 区域风险等级 = 风险评估 风险等级：低	

参考文献

[1] Harris R W. Arboriculture: integrated management of landscape trees, shrubs, and vines[J]. Journal of Arboriculture, 1992, 14（v）.

[2] Bernatzky A. 树木生态与养护 [M]. 陈自新，许慈安，译. 北京：中国建筑工业出版社，1987.

[3] Paine L A. Coding hazardous tree failures for a data management system.U.S.Dep.of Agriculture, 1978.

[4] Gary W H, Janet C, Perry E. Oak tree hazard evaluation [J]. Journal of Arboriculture, 1989, 15（8）: 177-184.

[5] Gary W H, Ed P, Richard E. Validation of a tree failure evaluation system [J]. Journal of Arboriculture, 1995, 21（5）: 233-234.

[6] 杨秉清，陶丽霞，郭志刚，等. 长春市公共绿地园林树木健康状况分析 [J]. 当代生态农业，2011（Z2）: 94-96.

[7] 王丽，吉士东，李珂. 南阳市区游园树木健康状况与植物多样性的相关分析 [J]. 科技创新与应用，2017（03）: 61.

[8] 李子敬，陈晓，舒健骅，等．树木根系分布与结构研究方法综述 [J]．世界林业研究，2015，28（03）：13-18.

[9] Meilleur G. Basic Tree Risk Assessment[J]. Arborist News, 2006, 15（5）: 12-17.

[10] 吴泽明．园林树木栽培学 [M]．北京：中国农业出版社，2003.

[11] 韩付家．树木风险评估研究概况 [J]．山东林业科技，2013，43（05）：90-94；80.

[12] 赵太安，张林，王乐平．日本树木标准支撑的制作和施工 [J]．中国花卉园艺，2010（2）：39-41.

[13] 瞿世涛，陶佃露，孙时宜．城市中老龄树木的管理和保护 [J]．山西林业科技，2003（3）：39-41.

[14] 陈锡连，王国英，陈赛萍．古树名木预防腐朽中空技术研究 [J]．华东森林经理，2003，17（2）：28-29.

[15] 魏胜林，茅晓伟，潇湘东，等．留园古树名木树体现状与保护措施研究 [J]．安徽农业科学，2010，38（4）：2136-2138.

[16] 沈全英．曲水园古树名木树体养护技术研究 [J]．上海农业科技，2010，1：119-122.

[17] 王家玉．古树名木腐烂孔洞治疗技术 [J]．林业科技开发，1995，（3）：25-26.

[18] 程敏，汤珧华．上海古树名木的树洞调查、分析与处理 [J]．上海建设科技，2008（3）：39-40.

[19] 高大伟，李鞍．古柳保护和修补技术 [J]．北京园林，2004，67（20）：12-13.

[20] 刘琪珠．岳桦老茎内部生根的研究 [J]．林业科学，1992，28（4）：382-383.

附录1：华东地区常见树种名录

序号	中文名	拉丁学名	科	属	类型
1	金合欢	*Acacia farnesiana*	豆科	金合欢属	常绿
2	三角枫	*Acer buergerianum*	槭树科	槭属	落叶
3	紫果槭	*Acer cordatum*	槭树科	槭属	落叶
4	罗浮槭	*Acer fabri*	槭树科	槭属	常绿
5	鸡爪槭	*Acer palmatum*	槭树科	槭属	落叶
6	五角枫	*Acer pictum* subsp. *mono*	槭树科	槭属	落叶
7	挪威槭	*Acer platanoides*	槭树科	槭属	落叶
8	元宝槭	*Acer truncatum*	槭树科	槭属	落叶
9	红花七叶树	*Aesculus* × *carnea*	七叶树科	七叶树属	落叶
10	七叶树	*Aesculus chinensis*	七叶树科	七叶树属	落叶
11	欧洲七叶树	*Aesculus hippocastanum*	七叶树科	七叶树属	落叶
12	臭椿	*Ailanthus altissima*	苦木科	臭椿属	落叶
13	合欢	*Albizia julibrissin*	豆科	合欢属	落叶
14	碧桃	*Amygdalus persica* var. *persica* f. *duplex*	蔷薇科	桃属	落叶
15	梅	*Armeniaca mume*	蔷薇科	杏属	落叶
16	重阳木	*Bischofia polycarpa*	大戟科	秋枫属	落叶
17	灯台树	*Bothrocaryum controversum*	山茱萸科	灯台树属	落叶
18	杂交马褂木	*Liriodendron* × *chinense tulipifera*	木兰科	鹅掌楸属	落叶
19	喜树	*Camptotheca acuminata*	蓝果树科	喜树属	落叶
20	美国山核桃	*Carya illinoensis*	胡桃科	山核桃属	落叶
21	楸树	*Catalpa bungei*	紫葳科	梓属	落叶
22	梓树	*Catalpa ovata*	紫葳科	梓属	落叶
23	雪松	*Cedrus deodara*	松科	雪松属	常绿
24	珊瑚朴	*Celtis julianae*	榆科	朴属	落叶

序号	中文名	拉丁学名	科	属	类型
25	朴树	*Celtis sinensis*	榆科	朴属	落叶
26	山樱花	*Cerasus serrulata*	蔷薇科	樱属	落叶
27	日本晚樱	*Cerasus serrulata* var. *lannesiana*	蔷薇科	樱属	落叶
28	东京樱花	*Cerasus yedoensis*	蔷薇科	樱属	落叶
29	连香树	*Cercidiphyllum japonicum*	连香树科	连香树属	落叶
30	巨紫荆	*Cercis glabra*	豆科	紫荆属	落叶
31	樟树	*Cinnamomum camphora*	樟科	樟属	常绿
32	银木	*Cinnamomum septentrionale*	樟科	樟属	常绿
33	香橼	*Citrus medica*	芸香科	柑橘属	常绿
34	黄栌	*Cotinus coggygria*	漆树科	黄栌属	落叶
35	山楂	*Crataegus pinnatifida*	蔷薇科	山楂属	落叶
36	四照花	*Dendrobenthamia japonica* var. *chinensis*	山茱萸科	四照花属	落叶
37	杜英	*Elaeocarpus decipiens*	杜英科	杜英属	常绿
38	枇杷	*Eriobotrya japonica*	蔷薇科	枇杷属	常绿
39	杜仲	*Eucommia ulmoides*	杜仲科	杜仲属	落叶
40	无花果	*Ficus carica*	桑科	榕属	落叶
41	梧桐	*Firmiana platanifolia*	梧桐科	梧桐属	落叶
42	苦枥木	*Fraxinus insularis*	木犀科	梣属	落叶
43	银杏	*Ginkgo biloba*	银杏科	银杏属	落叶
44	皂荚	*Gleditsia sinensis*	豆科	皂荚属	落叶
45	山桐子	*Idesia polycarpa*	山桐子科	山桐子属	落叶
46	铁冬青	*Ilex rotunda*	冬青科	冬青属	常绿
47	复羽叶栾树	*Koelreuteria bipinnata*	无患子科	栾树属	落叶
48	黄山栾树	*Koelreuteria bipinnata* var. *integrifoliola*	无患子科	栾树属	落叶
49	女贞	*Ligustrum lucidum*	木犀科	女贞属	常绿
50	枫香树	*Liquidambar formosana*	金缕梅科	枫香树属	落叶
51	北美枫香	*Liquidambar styraciflua*	金缕梅科	枫香树属	落叶

序号	中文名	拉丁学名	科	属	类型
52	鹅掌楸	*Liriodendron chinense*	木兰科	鹅掌楸属	落叶
53	北美鹅掌楸	*Liriodendron tulipifera*	木兰科	鹅掌楸属	落叶
54	玉兰	*Magnolia denudata*	木兰科	木兰属	落叶
55	荷花玉兰	*Magnolia grandiflora*	木兰科	木兰属	常绿
56	二乔玉兰	*Magnolia soulangeana*	木兰科	木兰属	落叶
57	垂丝海棠	*Malus halliana*	蔷薇科	苹果属	落叶
58	苦楝	*Melia azedarach*	楝科	楝属	落叶
59	水杉	*Metasequoia glyptostroboides*	杉科	水杉属	落叶
60	乐昌含笑	*Michelia chapensis*	木兰科	含笑属	常绿
61	深山含笑	*Michelia maudiae*	木兰科	含笑属	常绿
62	桑树	*Morus alba*	桑科	桑属	落叶
63	杨梅	*Myrica rubra*	杨梅科	杨梅属	常绿
64	花榈木	*Ormosia henryi*	豆科	红豆属	常绿
65	木犀	*Osmanthus fragrans*	木犀科	木犀属	常绿
66	白花泡桐	*Paulownia fortunei*	玄参科	泡桐属	落叶
67	黄连木	*Pistacia chinensis*	漆树科	黄连木属	落叶
68	悬铃木	*Platanus acerifolia*	悬铃木科	悬铃木属	落叶
69	罗汉松	*Podocarpus macrophyllus*	罗汉松科	罗汉松属	常绿
70	加杨	*Populus × canadensis*	杨柳科	杨属	落叶
71	紫叶李	*Prunus cerasifera* f. *atropurpurea*	蔷薇科	李属	落叶
72	枫杨	*Pterocarya stenoptera*	胡桃科	枫杨属	落叶
73	豆梨	*Pyrus calleryana*	蔷薇科	梨属	落叶
74	麻栎	*Quercus acutissima*	壳斗科	栎属	落叶
75	娜塔栎	*Quercus nuttallii*	壳斗科	栎属	落叶
76	北美红栎	*Quercus rubra*	壳斗科	栎属	落叶
77	刺槐	*Robinia pseudoacacia*	豆科	刺槐属	落叶
78	圆柏	*Sabina chinensis*	柏科	圆柏属	常绿

序号	中文名	拉丁学名	科	属	类型
79	龙柏	*Sabina chinensis cv. Kaizuca*	柏科	圆柏属	常绿
80	垂柳	*Salix babylonica*	杨柳科	柳属	落叶
81	无患子	*Sapindus mukorossi*	无患子科	无患子属	落叶
82	乌桕	*Sapium sebiferum*	大戟科	乌桕属	落叶
83	国槐	*Sophora japonica*	豆科	槐属	落叶
84	池杉	*Taxodium ascendens*	杉科	落羽杉属	落叶
85	落羽杉	*Taxodium distichum*	杉科	落羽杉属	落叶
86	墨西哥落羽杉	*Taxodium mucronatum*	杉科	落羽杉属	落叶
87	欧洲椴	*Tilia europaea*	椴树科	椴树属	落叶
88	心叶椴	*Tilia cordata*	椴树科	椴树属	落叶
89	香椿	*Toona sinensis*	楝科	香椿属	落叶
90	棕榈	*Trachycarpus fortunei*	棕榈科	棕榈属	常绿
91	榔榆	*Ulmus parvifolia*	榆科	榆属	落叶
92	榆树	*Ulmus pumila*	榆科	榆属	落叶
93	大叶榉树	*Zelkova schneideriana*	榆科	榉属	落叶
94	榉树	*Zelkova serrata*	榆科	榉属	落叶
95	枣	*Ziziphus jujuba*	鼠李科	枣属	落叶

附录2：国家禁止使用和限制使用的农药种类

国家禁止使用的农药种（类），共38种：包括六六六、滴滴涕、毒杀芬、二溴氯丙烷、杀虫脒、二溴乙烷、除草醚、艾氏剂、狄氏剂、汞制剂、砷类、铅类、敌枯双、氟乙酰胺、甘氟、毒鼠强、氟乙酸钠、毒鼠硅、甲胺磷、甲基对硫磷、对硫磷、久效磷、磷胺、苯线磷、地虫硫磷、甲基硫环磷、磷化钙、磷化镁、磷化锌、硫线磷、蝇毒磷、治螟磷、特丁硫磷、氯磺隆、福美胂、福美甲胂、胺苯磺隆、甲磺隆。

国家限制使用的农药种（类），共32种：包括甲拌磷、甲基异柳磷、克百威、磷化铝、硫丹、氯化苦、灭多威、灭线磷、水胺硫磷、涕灭威、溴甲烷、氧乐果、百草枯、2,4-滴丁酯、C型肉毒梭菌毒素、D型肉毒梭菌毒素、氟鼠灵、敌鼠钠盐、杀鼠灵、杀鼠醚、溴敌隆、溴鼠灵、丁硫克百威、丁酰肼、氟苯虫酰胺、氟虫腈、乐果、氰戊菊酯、三氯杀螨醇、三唑磷、乙酰甲胺磷、杀扑磷。

后　记

　　城市行道树不仅是城市生态廊道的重要组成部分，更是城市景观和城市人文的重要载体和标志。行道树特有的高硬质化生长生境改善成为城市绿化管理最主要的难点之一。本书拟稿于 2015 年，于 2018 年初完成初稿，成稿的过程也是上海推动城市树木系统研究的起步阶段。

　　近五年来，城市树木技术系统研究发展迅速，伴随着 2017 年上海市科委"上海城市树木生态应用工程技术研究中心"的成功筹建、2016 年以来与美国莫顿树木园在城市树木研究与技术推广等方面的交流、探讨，为国内城市树木技术体系构建奠定了良好的基础。树木多样性调查、根系生长关键制约因子研究以及相关技术的推进，获得了可喜的阶段创新技术成果，为形成相关技术标准和支撑上海行道树科学管理提供了非常宝贵的前瞻性技术支持，更通过论坛培训推广，推动了长三角乃至全国城市行道树更有序、更科学的管理发展。

　　本书是对上海多年来行道树和广场绿化的最新阶段技术总结，以树木健康为目标，注重树木种植与养护管理的系统性、科学性和生态性，是推进城市生态修复理念在行道树与广场绿化领域实践提供的最佳方案。

　　树木，是城市宜居环境的基础，更是人类生生不息的源泉。